普通高等教育艺术设计类新形态教材

宋立民　总主编

空间照明设计

（第二版）

SPACE LIGHTING DESIGN

（The 2nd Edition）

吴一源　编著

中国轻工业出版社

图书在版编目（CIP）数据

空间照明设计／吴一源编著. —2版. —北京：
中国轻工业出版社，2024.8
ISBN 978-7-5184-4972-9

Ⅰ.①空… Ⅱ.①吴… Ⅲ.①室内照明—照明设计—
高等学校—教材 Ⅳ.①TU113.6

中国国家版本馆 CIP 数据核字（2024）第 099359 号

责任编辑：李 争
文字编辑：王 玙 责任终审：李建华 设计制作：锋尚设计
策划编辑：王 淳 王 玙 责任校对：晋 洁 责任监印：张京华

出版发行：中国轻工业出版社（北京鲁谷东街5号，邮编：100040）
印　　刷：天津裕同印刷有限公司
经　　销：各地新华书店
版　　次：2024年8月第2版第1次印刷
开　　本：889×1194　1/16　印张：9
字　　数：250千字
书　　号：ISBN 978-7-5184-4972-9　定价：58.00元
邮购电话：010-85119873
发行电话：010-85119832　010-85119912
网　　址：http://www.chlip.com.cn
Email：club@chlip.com.cn

前言
PREFACE

随着我国社会经济的高速发展，人们的生活水平在不断提高，因此对于生活质量的需求也在不断地提高，对于办公环境、家庭住宅和商业空间的环境要求也在不断地提高，对于室内设计的格调越来越重视。室内灯光照明设计是室内设计中的重要部分，而不同的空间类型对照明设计的具体要求是有差异的，功能性和审美性的结合是照明设计总的趋势。

学习照明采光设计，需要有敏锐的洞察力，注重学习方法与技巧，阅读本书要注重以下几个方面。

1. 照明设计涉及电路布置与基础电学常识。本书列出了大量设计案例和计算公式与数据。在设计过程中要勤于计算，根据书中的计算方法对每处空间进行精确计算，可结合实际案例或课后作业加强练习，让灯具发挥出最大功效。

2. 环境艺术设计专业的师生，在生活中要学会多观察周边环境与灯具设计之间的关系，时刻了解灯具流行种类。同时，还需经常考察当地灯具市场，结合网商等平台对比价格，获得一手产品信息与市场价格，以便在设计中精准把握报价，取得客户的信任。

3. 照明设计需考虑实际施工，灯具的设计与吊顶设计关系紧密，需要了解吊顶的材料搭配与施工工艺，考虑吊顶的承载能力，保障施工安全。

4. 注重并引入无主灯设计。在功能性设计和使用者自我需求表达越来越被重视的今天，无主灯产品依靠其简约的设计美学和简单实用的施工工艺迅速占领了市场。无主灯设计是由单一主灯向多元化照明方式发展，设计分控开关，营造不同功能使用场景。

本书附带二维码 PPT 课件与照明设计教学用的视频，本书主要内容包括：光的基本概念、照明与电路基础、直接照明、间接照明、艺术照明的方式、住宅空间照明设计、文化空间照明设计、商业空间照明设计、无主灯照明设计等。本书内容新颖，系统全面，图文并茂，兼顾专业与普及两个方面。为了便于读者理解知识、数据的差异与变化、关联与区别、归纳与分类等，采用大量图表和图片，每幅图不仅有图题，还用图释的形式详细讲解。

本书在第一版的基础上，重新整合了知识点，补充了照明电路基础知识，增加了照明量化计算方法，列出案例、全面讲解空间照明灯具功率计算，增加了住宅、文化、商业空间真实案例，列出不同空间灯具选配品种与技术参数，帮助读者更直观掌握精准的照明设计方法，设计意识和构成能力。本书按照教案式的课堂教学模式进行编排，并安排了课后练习，便于读者进一步学习和思考。书中最后一章重点讲述了当下流行的无主灯照明设计，并附有室内照明设计软件视频教学，供读者全面学习，掌握操作技能。

在编写过程中，清华大学美术学院环境艺术设计系宋立民教授给予了指导，武汉行轩筑美科技传媒有限公司工程文创部参加了编写。另外，参与本书案例设计、工程图绘制的是湖北工业大学艺术设计学院的郭宇盈、卞高如、苏可心、刘音、王晓艳，特此表示感谢。

吴一源

于大连

目 录
CONTENTS

第1章
照明设计
基础

识读难度：★ ☆ ☆ ☆ ☆
重点概念：光环境、照明设计、
　　　　　灯具、设计程序

◁ 章节导读

　　照明的主体是光，光不仅能满足人们的视觉需要，而且是一项重要的美学因素。光可以形成空间，它直接影响人对物体大小、形状、质地、色彩的感知，照明是室内设计、建筑装饰设计的重要组成部分（图1-1）。

图1-1：照明设计应当具有创意，对普通灯具进行改造，精确计算灯光照度，合理分布灯光点位，让灯光散发出符合空间氛围的视觉效果。这是一处住宅客厅，照明灯具选用射灯对墙面与装饰画照明，搭配台灯点亮空间边角，将光线分散透射，形成丰富的层次。

图1-1　客厅照明

1.1　光基础与光环境

　　光基础知识包括光的产生、传播、反射等；光环境是指光照射于室内外所形成的环境，其影响因素主要有照度、亮度、光色、直射与反射等。

1.1.1　光的基础知识

1. 光的概念

　　照明的主体是光，光是一种电磁波，电磁波的波长范围很广，其中可见光的电磁波波长为

380~780nm，不同波长反映出的颜色视觉各有不同（图1-2）。

光的度量指标主要包括的内容见表1-1。

2. 色温

当一个光源的颜色与黑体在某一温度时显现的光色相同时，黑体的温度即被用来表示此光源的色温。色温的单位是K（开尔文）（图1-3）。将标准黑体（吸收辐射的物体）加热，温度升高到一定程度时，黑体颜色开始逐渐改变，变化顺序为深红→浅红→橙黄→白→蓝。色温的高低影响光线的颜色感觉，色温值越低，光色越暖，常用的LED灯具色温多为5000K以下（图1-4、图1-5）。

图1-2：700nm为红色；580nm为黄色；510nm为绿色；470nm为蓝色；紫外线波长为100~380nm，人眼看不见；红外线波长为780nm~1mm。太阳是天然的红外线发射源，白炽灯发射波长为500nm之内的红外线。

*FM：振幅恒定，AM：波长恒定。

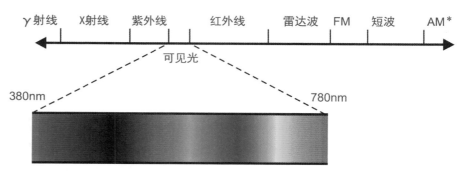

图1-2 可见光范围

表1-1　　　　　　　　　　　　　　　　　　光的度量指标

名称	符号	单位	说明
光通量	Φ	流明（lm）	光源每秒钟所发出的可见光量的总和，又称为发光量
发光强度	I	坎德拉（cd）	光源在单位主体角元（单位为sr）内的光通量，简称光强
照度	E	勒克斯（lx）	单位面积内入射光的光通量，即光束（光通量）除以面积（m²）所得的值，用来表示某一场所的明亮度
亮度	L	坎德拉每平方米（cd/m²）	单位面积内的发光强度，是指发光体表面发光的强弱物理量

图1-3：光的色温以5000K为基准，低于5000K为暖光，高于5000K为冷光，色温越高，光中蓝色的成分越多，红色的成分越少，反之亦然。

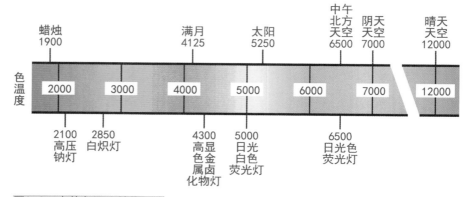

图1-3 光的色温（单位：K）

图1-4 LED灯具色温一览（单位：K）　　　　　　图1-5 LED灯具色温品种

图1-4：LED灯的色温常选用3000~6000K范围，过暖或过冷的色温仅用于局部照明的氛围营造。

图1-5：大多数LED灯的厂商，在产品链中，只会拿出3000K、4000K、6000K三种色温的产品，因为这三种产品彼此之间的色温差异，给大多数人带来的感受是比较均衡的。

1.1.2 光环境

　　光环境可分为自然光环境与人工光环境（图1-6、图1-7）。自然光的光源是太阳，所有事物的色彩都跟着太阳光有节奏地变化；人工光是用人造光源照明来营造室内空间感受。

1. 自然光

　　室内设计中，自然采光是首要采光方式。自然采光主要依靠设置在墙和屋顶上的采光口来获取，采光效果取决于采光口面积、形状、方向、透光材料、外部遮挡程度等因素。此外，根据光源方向还可分为侧窗和天窗两种采光形式（图1-8、图1-9）。

图1-6 自然光

图1-7 人工光

图1-6：自然光根据采光口不同，所形成的室内氛围也有所不同，设计自然采光时要充分结合室内空间的使用功能、特点、风格、当地气候等因素。

图1-7：人工光能够创造不同的氛围环境，灯具的大小、造型、安装位置、安装数量等都会影响照明的视觉效果。

图1-8 侧窗自然光

图1-9 天窗自然光

图1-8：侧窗是在室内侧墙上开的采光口，侧面采光有单侧、双侧、多侧之分，根据采光口高度、位置不同，还有高、中、低侧光之分。

图1-9：天窗是在室内空间顶部开设的采光口，顶部采光率是同样面积侧窗的3倍以上。

阳光普照万物，给人们带来了无限的生机与活力，空间设计加上对自然光的利用，会形成分散、跳跃式的光形，有点、线、面多种光影效果，通过精心设计能形成微妙层次感。光与影密不可分，光与影的相互交融能营造出良好的环境氛围（图1-10、图1-11）。

2. 人工光

人工光是利用照明灯具创造出具有特征的光环境。室内人工光比自然光更具有可塑性，可以通过光源的形状、颜色、亮度、反射特性等创造出赏心悦目的光环境（图1-12、图1-13）。

图1-10　清新自然的空间

图1-10：自然光对创造自然清新的空间环境有着重要作用，同时欢快而明亮的空间氛围也能给人积极向上的感觉和振奋人心的力量。

图1-11　光影效果

图1-11：自然光会随着太阳的变化与昼夜更替所产生的角度、冷暖、强弱等有所改变，这使光影显得更加丰富、生动。

图1-12　氛围人工光

图1-12：氛围人工光主要通过色温来表现，多采用暖色光表现出紧凑温暖的氛围。

图1-13　装饰人工光

图1-13：装饰人工光多采用小功率灯具照明，通过反射、折射来变化出多种灯光造型。

1.1.3 光环境应用

室内空间主要通过地面、墙面、屋面顶棚等构件围合而成，光线可透过墙顶面上的缝隙、开口进入室内。住宅空间具有生活氛围，需要营造出平和、温馨的光环境，多选用暖色灯光照明，照明形式多样，根据人在住宅室内的行为来设计光环境（图1-14、图1-15）。

商业空间具有创造轻松娱乐气氛的潜能，照明设计应从光源的布局、形态、颜色等方面入手，可以随意布置光源，自然组合灯光能获得轻快的视觉效果。穿插不规则的任意形态达到活跃空间气氛的目的（图1-16）。

工作空间会使人处于紧张状态，必须具备沉静严肃的灯光气氛。以自然光和人工光直接照明为主，减少装饰照明，在保证空间亮度的前提下增强视觉真实感（图1-17）。

图1-14 住宅客厅空间

图1-14：客厅设计吊顶，在吊顶上自由设计筒灯、射灯，满足不同功能区的照明需求，形成重点照明的光环境。如客厅沙发上方，根据沙发布局设计筒灯与联组射灯，让沙发区域成为客厅的功能重点。

图1-15 住宅卧室空间

图1-15：在床头与书桌上方设计筒灯进行直接照明，而衣柜顶部与隔板中安装的灯带，在筒灯关闭后能形成柔和的环境氛围。

图1-16 商业餐饮空间

图1-16：餐饮空间灯光多以鲜艳的暖色为主，暖色能使人联想到阳光与火焰，从而引起情感波动，产生热烈欢快的情绪共鸣。为了更好营造出餐饮空间中的欢快气氛，在设计中应采用多元化照明来丰富室内环境。

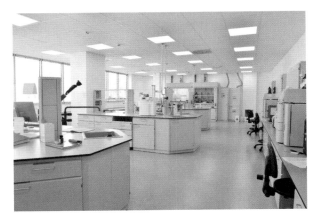

图1-17 科研工作空间

图1-17：科研空间的环境氛围要能起到提高工作效率的作用，可利用单一明快的照明来实现。光源的大小、形态应当尽量一致，以便形成规整、严谨的格局。光源颜色应简化，以无彩色或略偏冷色为主要色调。

1.2 照明基础概念

1.2.1 照明术语

照明术语是对照明专业知识的概括，能清晰反映照明设计过程所应用的专业词汇与概念（表1-2）。

1.2.2 照度范围

增加照度可使视觉功能提高，合适的照度有利于保护视力并提高工作、学习效率。照度的大小取决于发光强度，还同光源与被照面的距离有关，决定了空间环境的明亮程度（表1-3）。

表1-2　　　　　　　　　　　　　　　　　　照明术语

名称	说明
灯具效率	灯具输出的光通量与灯具内所有光源输出的总光通量之间的比例，又称为光输出因数*
光源效率	每一瓦特电力所发出的量，数值越高表示光源的效率越高，单位是流明/瓦（lm/W）
眩光	视野内存在高亮度光，干扰视觉或使视觉不舒适、疲劳的视觉现象
功率因数	电路中有用功率与视在功率（电压与电流的乘积）的比值
平均寿命	缺失50%光效时的寿命，又称为额定寿命
光束角	指灯具1/10最大光强之间的夹角

* 根据GB3101-1993因数是没有单位的，系数是有单位的。

表1-3　　　　　　　　　　　　　　　　　　推荐照度范围　　　　　　　　　　　　　　　　（单位：lx）

序号	照度范围			空间或活动
	低	合适	高	
1	20	35	50	常见室内空间，如走廊、楼梯间、卫生间、咖啡厅、酒吧等
2	40	100	150	短程流通空间，如电梯前室、客房服务台、酒吧柜台、营业厅、值班室、电影院、进站大厅、门诊室、商场通道区等
3	100	150	200	非连续使用的工作空间，如办公室、接待室、商品销售区、厨房、检票处、广播室、理发店等
4	200	300	500	简单视觉作业空间，如阅览室、设计室、陈列室、展览厅、常规体育场馆等
5	300	500	750	中等视觉作业空间，如绘图室、印刷车间、木材机械加工车间、汽车维修车间等
6	500	800	1000	高强视觉作业空间，如棋类等比赛场馆、小件装配车间、电修车间、抛光车间等
7	1000	1500	2000	较难视觉作业空间，如手术室、常规实验室等
8	2000	2500	3000	特殊视觉作业空间，如特殊实验室、工作室等

1.2.3 显色性

光源对物体颜色呈现的还原程度称为显色性，也就是颜色的逼真程度。显色指数（Ra）是用来评价光源显色性的数值，Ra数值接近100时，显色性最好（一般认为Ra≥80的光源显色性是好的）。

太阳光的显色指数定义为100，因此，把显色指数100定义为标准光源照射下的物体颜色。光源的显色指数高于100，表示它比标准光源还原颜色的能力更强；反之，如显色指数低于100，则说明它还原颜色的能力较弱。白炽灯的显色指数非常接近日光，因此被视为理想的基准光源。显色指数平均偏差值Ra20～100，Ra低于20的光源通常不适于一般用途（表1-4、图1-18）。

国际照明委员会（CIE）将太阳光的显色指数Ra定为100，并规定了15个测试颜色，用R1～R15分别表示这15个颜色的显示指数。灯具厂商标注产品显色指数时会写Ra＞90（R9＞50）等类似标注。Ra＞90表明该灯具显色性对于R1～R8这8种自然色还原程度很高；R9＞50表明该灯具对红色物体有很好的颜色还原能力（表1-5）。

——Ra90
——Ra20

图1-18　室内空间显色性对比

图1-18：显色性不是单纯的鲜与灰的差异，而是指对被照明物体本色的显现程度。显色性最佳的灯具色温为5250K。但是室内空间照明要营造出一定氛围，多选用偏暖的色温，这就对灯具的显色性有较高要求。

不同空间照明对显色性的要求是不同的，大多数空间的整体照明对显色性要求不高，但是局部照明对显色性却有极高的要求，因此高显色性灯具主要用于有目的的产品照明（图1-19）。

1.2.4 照明功率

照明功率指灯在工作时所消耗的电功率，单位为W（瓦）。传统的白炽灯照明功率高，但是发

表1-4　　　　　　　　　　　　　　　　　　　显色性

显色指数Ra	等级	显色性	一般应用
90～100	1A	优秀	需要色彩精确对比的场所
80～89	1B	良好	需要色彩正确判断的场所
60～79	2	普通	需要中等显色性的场所
40～59	3	合格	对显色性的要求较低，色差较小的场所
20～39	4	较差	对显色性没有具体要求的场所

表1-5　　　　　　　　　　　　　　　　　15个测试颜色一览

显色指数	R1	R2	R3	R4	R5	R6	R7	R8	R9	R10	R11	R12	R13	R14	R15
颜色品种															

（a）肉食柜台　　　　　（b）烘焙糕点柜台　　　　　（c）摄影棚　　　　　　（d）博物馆

图1-19　不同空间中产品的显色性照明

图1-19（a）：超市和商店的肉食柜台的照明光源，$R9$显色指数尤为重要。

图1-19（b）：烘焙糕点柜台，$R10 > 50$表明该灯具对黄色物体有很好的颜色还原能力。

图1-19（c）：演播厅、摄影棚等需要真实再现皮肤颜色的场合，照明光源的$R15$指数绝不能低。

图1-19（d）：博物馆、美术馆等场所则要求对所有的颜色都能高度真实还原，对Ra和$R1 \sim R15$指数的要求就更为严格。

光强度却不高；荧光灯（节能灯）的照明功率降低了，能保持较高的发光强度；如今主流产品LED灯的照明功率最低，发光强度却很高（图1-20）。

从视觉感受上对比，与常规E27螺口灯泡的发光强度相当的三种灯为：白炽灯40W≈荧光灯（节能灯）15W≈LED灯9W。

（a）白炽灯　　　　　（b）荧光灯（节能灯）　　　　　（c）LED灯

图1-20　灯具灯泡

图1-20（a）：白炽灯的功率为15W、25W、40W、60W、100W、200W、300W。

图1-20（b）：荧光灯（节能灯）功率为9W、11W、13W、15W、18W、22W、26W、35W、60W、90W、105W、135W、150W、225W。

图1-20（c）：LED灯功率为1～500W。

1.3 灯具光源

灯具是指能透光、分配和改变光源光分布的器具，包括除光源外所有固定和保护光源所需的全部零部件，以及与电源连接所必需的线路附件，一般指由光源、灯罩、附件、装饰件、灯头、导线等部件装配组合而成的照明器具。

现代照明灯具的主流产品是LED灯，又称为发光二极管，它是一种半导体发光器件，利用固体半导体芯片作为发光材料，当两端加上正向电压，半导体中的载流子发生复合引起光子发射而产生光（图1-21）。

20世纪60年代，科技工作者成功研制出了LED发光二极管。当时研制的LED，所用的材料是磷砷化镓，其发光颜色为红色。经过多年的发展，研制的LED灯发出红、橙、黄、绿、蓝等多种色光，然而满足照明需求的白色光在2000年后才被研发出来。LED光源应用广泛，它可以做成点、线、面各种形式的轻、薄、短、小产品，同时只要调整电流，就可以随意调节LED的亮度。LED不同光色的组合，使得最终的照明效果愈加丰富多彩（图1-22、图1-23）。

1.3.1 LED光源特性

1. 发光效率高

发光效率白炽灯为10～15lm/W，卤钨灯为15～24lm/W，荧光灯为50～90lm/W，钠灯为90～140lm/W，这些传统光源将大部分电能变成了热量损耗。LED发光效率可达到130～200lm/W，而且发光单色性好，光谱窄，无需过滤，可直接发出有色可见光。

2. 耗电量少

LED单管功率为0.03～0.06W，采用直流驱动，单管驱动电压是1.5～3.5V，电流为15～18mA，反应速度快，在同样照明条件下，耗电量是白炽灯的0.1%，荧光管的50%。

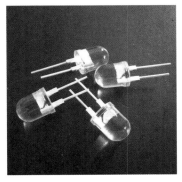

图1-21 发光二极管

图1-21：发光二极管的结构是一块电致发光的半导体材料，置于一个有引线的架子上，起到保护内部芯线的作用，抗震性能好。

图1-22 LED灯管

图1-22：LED灯管是模拟条形荧光灯管的线形发光体，将发光二极管组合排列在条形灯架上，形成匀称均衡的发光效果。

图1-23 LED软灯带

图1-23：LED软灯带适用于造型吊顶内部，同时还具备不同光色。

3．使用寿命长

传统的白炽灯、卤钨灯、荧光灯是采用热辐射发光，灯具发光易热，有热沉积等特点，而LED灯体积小，重量轻，环氧树脂封装，可承受高强机械冲击和震动，不易破碎，平均寿命达30 000～50 000h，LED灯使用寿命可达5年以上。

4．有利于环保

LED为全固体发光体，耐冲击、不易破碎，废弃物可回收，没有污染，能大量减少二氧化硫、氮化物、二氧化碳等温室气体产生，可大大改善环境（图1-24、图1-25）。

图1-24　博物馆灯光

图1-24：LED光源发热量低、无热辐射，具有多种色温光源效果，适用于综合博物馆展示照明，能精确控制光型、发光角度、光色，无眩光，不含汞、钠等可能危害人类健康的元素。

图1-25　西餐厅灯光

图1-25：LED灯运用广泛，如常见的西餐厅，LED灯发光温度相对较低，不会让室内温度升高导致食物变质。同时LED灯体积小，能安装大体量散热片或风扇。

－ 补充要点 －

LED的三种白光技术

1．利用三基色原理，将已生产的红、绿、蓝三种超高亮度LED按发光强度3:1:6比例混合而成白色。

2．利用超高度蓝色LED，加上少许钇铝石榴石为主体的荧光粉进行混合，它能在蓝光激发下产生黄绿光，而黄绿光又可与透出的蓝光合成白光。

3．利用不可制的紫外光LED，采用紫外光激三基色荧光粉或其他荧光粉，产生多色混合白光。

1.3.2　LED灯应用范围

LED灯应用比较广，在许多场所都有用到，主要用于建筑物外观照明、标识与指示性照明、景观照明、室内空间展示照明、娱乐场所以及舞台照明、车辆指示灯照明、视频屏幕等。

1．建筑物外观照明

建筑物外观照明是指使用控制光束角的圆头和方头形状的投光灯具对建筑物某个区域进行投射。由于LED灯光源小而薄，线性投射灯具无疑成为

图1-26 建筑外观照明

图1-27 剧院内部照明

图1-26：LED灯安装便捷，可以水平放置，也可以垂直方向安装，与建筑物表面能更好结合，能创造更好的视觉效果。由于许多建筑物没有出挑的外部构造放置传统的投光灯，LED灯出现后对现代建筑和历史建筑的照明手法产生了巨大影响。

图1-27：LED灯可以用作剧院观众厅内的地面引导灯或座椅侧面的指示灯，还可以用于购物中心楼层的引导灯等。

LED投射灯具的一大亮点（图1-26）。

2. 标识与指示照明

标识与指示性照明适用于空间限定和引导，如道路路面的分隔显示、楼梯踏步的局部照明、紧急出口的指示照明，均可以使用表面亮度适当的LED自发光埋地灯或嵌在垂直墙面中的灯具（图1-27）。

3. 景观照明

LED灯与传统光源不同，不需要特殊而坚固的外壳，它可以与街道、家具很好地有机结合，可以在城市道路、滨水景观、公园等区域照明（图1-28）。

4. 展示照明

LED灯可实现精确布光，可作为博物馆光纤照明的替代品，商业照明大都会使用彩色的LED灯，室内装饰性的白光LED灯结合室内装修可为室内提供辅助性照明，暗藏光带可以使用LED，对于低矮的空间特别有利（图1-29）。

图1-28 室内景观照明

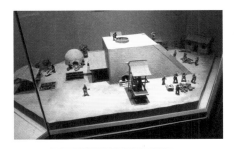

图1-29 博物馆模型展示照明

图1-28：对于花卉或低矮的灌木，可以使用LED光源进行照明，其固定端可以设计为插拔式，可以根据植物生长高度进行调节。

图1-29：LED光源没紫外线与红外辐射，对展品或商品不会造成损害，与传统光源相比，灯具不需要附加滤光装置，照明系统简单，价格实惠。

5. 舞台照明

LED灯可动态、数字化控制色彩、亮度，活泼的饱和色可以创造静态和动态的照明效果。LED灯克服了白炽灯使用一段时间后颜色偏移的现象。金属卤化物灯仅有400～500h的寿命，与之相比，使用LED灯不仅可以降低维护费用，而且可以减少更换光源的频率（图1-30）。

6. 道路指示照明

道路指示照明主要用于车辆道路交通导航信息显示，并逐步采用高密度LED灯显示屏，在城市交通、高速公路等领域，LED灯均可作为可变指示灯（图1-31）。

7. 视频屏幕

全彩色LED光源显示屏采用先进的数字化视频处理技术，具有超大面积与超高亮度，屏幕上装有LED，可以根据不同室内外环境，采用各种规格的发光像素，实现不同的亮度、色彩、分辨率，以满足各种用途（图1-32）。

1.3.3 LED灯光衰

LED灯产品的光衰是指光在传输中信号减弱，现阶段LED灯的光衰程度都不同（图1-33）。光衰与温度有直接的关系，主要是与芯片、封装技术有关，色温较高的LED灯光衰较大（图1-34）。

图1-30 LED舞台灯光

图1-30：LED舞台灯光变化多样，能形成丰富的光影特效，现场灯光师可以根据舞台节奏来控制灯光开关与色彩变化。

图1-31 LED道路指示牌

图1-31：LED道路指示牌是在传统指示牌的基础上增加了LED光源，能在夜间提升行人与驾驶员的辨识度，保障道路交通安全。

图1-32 LED屏幕

图1-32：LED屏幕突破了电视屏幕的尺寸限制，能根据空间尺寸定制大小适宜的屏幕，无拼接缝，形成平面、弧形等多种造型效果。

  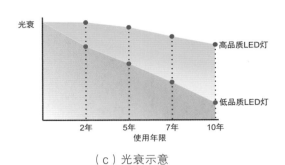

（a）新产品　　　　　（b）10 000小时后　　　　　（c）光衰示意

图1-33　LED灯光衰示意

图1-33：随着使用时间增加，LED灯都会存在光衰的现象，但是耗电功率却没有太大变化，导致照明效率降低。

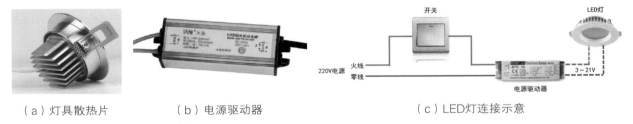

（a）灯具散热片　　　　　（b）电源驱动器　　　　　（c）LED灯连接示意

图1-34　LED灯产品配件与连接方式

图1-34：为了提升LED灯的发光效率并延长使用寿命，灯具后端会安装散热片为灯具降温。LED灯为恒流驱动，电源驱动器安装在灯具的上游，开关在电源驱动器上游，开关控制火线。

1.4　灯具品种

在照明设计中，常按灯具形态和布置方式进行分类，主要可以分为吊灯、台灯、立灯、吸顶灯、暗灯、壁灯、筒灯、射灯、发光顶棚、轨道灯等。应当根据灯具特点选择适合的灯具用于空间照明。

1.4.1　吊灯

吊灯是吊装在顶棚上的高级装饰用照明灯，现在也将垂吊下来的灯具都归入吊灯类别。吊灯主要用于客厅、卧室、餐厅、走廊、酒店大堂等空间，可以分为单头吊灯和多头吊灯两种，前者多用于卧室、餐厅，后者宜装在客厅里。吊灯在安装时，其最低点离地面不应小于2.4m。大型吊灯安装于结构层上，如楼板、屋架下弦和梁上，小型吊灯常安装在吊顶格栅上（图1-35）。

1.4.2　台灯

台灯能将灯光集中在一小块区域内，主要分为装饰台灯与书写用台灯。装饰台灯外观豪华，材质

（a）欧式古典吊灯　　　　　　　（b）水晶吊灯细节　　　　　　　（c）简约造型吊灯

图1-35　吊灯

图1-35（a）：欧式古典风格吊灯大多由仿制水晶制成，具有较复杂的造型，室内环境如果潮湿多尘，灯具则容易生锈、掉漆，灯罩则因蒙尘而日渐昏暗，吊灯明亮度平均一年会降低约20%，长期如此，吊灯会变得昏暗无光彩。

图1-35（b）：由于吊灯装饰华丽，比较引人注目，因此吊灯的风格直接影响整个客厅的风格，带金属装饰件、玻璃装饰件的欧式吊灯显得富丽堂皇。

图1-35（c）：简约造型吊灯通过色彩来装饰空间，此外灯头吊挂高度较低，能将发光源下降到适合的空间高度，让光源有效照射到使用面上。

与款式多样，灯体结构复杂，兼顾装饰功能与照明功能。书写台灯灯体外形简洁轻便，专用于看书写字，可以调整灯杆的高度、光照方向和亮度，主要是照明阅读功能。

台灯罩多用纱、绢、羊皮纸、胶片、塑料薄膜和宣纸等材料来制作。台灯在使用时要求不产生眩光，灯罩不宜用深色材料制作，放置要稳定安全，开关方便，可以任意调节明暗（图1-36）。

1.4.3　落地灯

落地灯主要用于客厅、书房，作为阅读书报或书写时的局部照明，多靠墙放置，或放在沙发侧后方500～750mm处。落地灯在结构上要安全稳定，不怕轻微碰撞，电线稍长能适应临时改变位置的需要。此外，还要求能根据需要随意调节灯具的高度、方位和投光角度。

落地灯支架和底座的制作和选择一定要与灯罩搭配好，比例大小不能失调。落地灯高度为1.2～1.8m，可以调节高度或灯罩角度者最佳。灯具的造型与色彩要与家具摆设相协调（图1-37）。

1.4.4　壁灯

壁灯是安装在墙上的灯，用来提高部分墙面亮度，主要照明灯具附近墙面的亮度，在墙上形成亮斑，以打破大片墙的单调气氛。由于壁灯光通量不大，可以用在一大片平坦的墙面上或镜子的两侧。

壁灯的种类和样式较多，一般常见的有墙壁灯、变色壁灯、床头壁灯、镜前壁灯等。墙壁灯多装于阳台、楼梯、走廊过道以及卧室，适宜作长明灯；变色壁灯多用于节日、喜庆之时；床头壁灯大多数都是装在床头的左上方，灯头可万向转动，光束集中，便于阅读；镜前壁灯多装饰在盥洗间镜子附近。

壁灯安装高度应略高于视平线，约为1.7m。

（a）护眼台灯 　　　　　（b）铁艺装饰台灯 　　　　　（c）床头吊灯

图1-36　台灯

图1-36（a）：护眼台灯大多有应急功能，即自带电源，可用于停电时照明应急。

图1-36（b）：铁艺装饰台灯非常时尚，富有现代气息，造型也比较多样，适合装修百搭，价格低廉，但容易生锈。

图1-36（c）：卧室床头台灯光线比较温和，灯罩颜色比较浅，与卧室内整体装修色调一致，也不会产生眩光，可以用于睡前阅读的照明。

（a）弧形落地灯 　　　（b）墙角落地灯 　　　　（c）折叠伸展落地灯 　　　　（d）三角支架落地灯

图1-37　台灯

图1-37（a）：落地灯从造型上看，常以瓶式、圆柱式的座身为主，配以伞形或筒形罩子，用于沙发或家具转角处。

图1-37（b）：落地灯的罩子，要求简洁大方、装饰性强，筒式罩子较为流行，华灯形、灯笼形也较多用，落地灯的支架多以金属或是自然材料制成。

图1-37（c）：客厅沙发后装饰一盏落地灯，既能保证读书需要，还不会影响看电视。

图1-37（d）：落地灯可以调整灯的高度，能改变光圈的直径，从而控制光线的强弱，营造朦胧的美感。

壁灯的光通量不宜过大，这样更富有艺术感染力。壁灯灯罩的选择应根据墙色而定，白色或奶黄色的墙，可以采用浅绿、淡蓝的灯罩；湖绿或淡天蓝色的墙面，可以采用乳白色、淡黄色或茶色的灯罩（图1-38）。

（a）壁灯

（b）客厅壁灯

（c）卧室壁灯

图1-38　壁灯

图1-38（a）：壁灯有附墙式和悬挑式两种，安装在墙壁或柱子上，壁灯造型要求富有装饰性，适用于各种室内空间。

图1-38（b）：客厅在电视机后部墙上装有两盏小型壁灯，光线比较柔和，有利于保护视力，同时也为客厅提供了局部照明。

图1-38（c）：壁灯宜用透光率较低的材料作灯罩，假若在卧室床头上方的墙壁上装一盏茶色刻花玻璃壁灯，整个卧室立刻就会充满古朴、典雅、深沉的韵味。

- 补充要点 -

灯泡接口

　　吊灯、台灯、落地灯、壁灯通常采用灯泡，灯泡根据安装方式可分为卡口式、螺口式等，E27螺口应用最普遍，E是指螺旋灯座或螺旋灯头，27是指螺口灯泡的直径数值。根据直径尺寸灯泡螺口一共可以分为4种规格，直径分别是14mm、27mm、22mm、40mm（图1-39）。

E14螺口用于冰箱灯或小型台灯、壁灯、家具内构造灯。
E27螺口用于普通常规灯具。
E22卡口用于特殊器材设备。
E40螺口用于体育场馆、工厂车间、仓库等。

图1-39　不同接口的灯泡

1.4.5　吸顶灯

　　紧贴在顶棚上的灯具统称为吸顶灯，灯具上方较平，安装时底部完全贴在顶棚平面上。吸顶灯适用面很广，可单盏使用，也可组合使用。吸顶灯是家庭、办公室、文娱场所等场所经常选用的灯具（图1-40）。

（a）透光吸顶灯　　　　（b）简约吸顶灯

图1-40　吸顶灯

图1-40（a）：现代吸顶灯造型丰富，其中还多带有光栅造型，灯光能形成透射光斑效果，具有吊灯的装饰特性。

图1-40（b）：造型简洁的吸顶灯适用面很广，既可以用于简约风格室内空间，又可用于古典风格室内空间，尤其是金属材质吸顶灯适用面更广。

1.4.6　暗灯

放在吊顶或装饰构造内部的灯统称为暗灯，可形成装饰性很强的照明环境。灯和建筑装饰吊顶、构造相结合，可形成和谐美观的统一体。暗灯的部分光射向天棚，增加了吊顶内部的亮度，有利于调整空间的亮度与对比度（图1-41）。

1.4.7　筒灯

筒灯是嵌入到天花板内光线下射式的照明灯具，它的最大特点就是能保持空间造型的整体统一，不会因为灯具而破坏吊顶造型。筒灯嵌装于天花板内部，所有光线都向下投射，属于直接配光。

（a）吊顶与背景墙中的暗灯　　　　　　（b）踢脚线中的暗灯　　　　　（c）柜体层板中的暗灯

图1-41　暗灯

图1-41（a）：吊顶处的暗灯能有效防止眩光的产生，同时也能降低灯具与周边环境的亮度比，便于营造更舒适的照明环境。吊顶处的暗灯与背景墙构造中的灯带相结合，提升了背景墙的造型层次感，能衬托墙体造型并形成装饰对比。

图1-41（b）：不锈钢或铝合金等材料的踢脚线中安装暗灯，具有照明地面与空间轮廓的功能，在夜间不开启顶部灯光即可照明地面，指引行走方向。

图1-41（c）：柜体中每一块层板后部或下部安装暗灯，能照明层板之间的局部空间，具有较强的氛围感。

筒灯有镜面和磨砂两种反射板，即带来闪烁感的镜面反射板和以适度的灰度来调和天花板的磨砂反射板。筒灯采用滑动固定卡，施工方便，筒灯可以安装在厚3~25mm的吊顶材料上，维修方便（图1-42）。

1.4.8　射灯

射灯是一种小型聚光灯，常用于突出展品、商品或陈设装饰品，射灯的尺寸比较小巧，颜色丰富，在结构上，射灯都有活动接头，以便随意调节灯具的方位与投光角度。因为造型玲珑小巧，非常具有装饰性。射灯可安置在吊顶四周或家具上部、墙内、墙裙或踢脚线里。光线直接照射在需要强调的家具器物上，以突出主观审美作用，达到重点突出、层次丰富、气氛浓郁的艺术效果（图1-43）。

图1-42（a）：筒灯不占据空间，可以增加空间的柔和气氛，如果想营造温馨的感觉，可试着装设多盏筒灯，减轻空间压迫感。明装筒灯主要适用于大型办公室、会议室、百货商场、专卖店、实验室、机场公共空间，亮度比较高。

图1-42（b）：暗装筒灯一般在酒店、家庭、咖啡厅使用较多，有大（φ150mm）、中（φ100mm）、小（φ63mm）三种。暗装筒灯安装容易，不占用空间，大方、耐用，通常使用寿命在5年以上，款式不容易变化，价格也便宜。

（a）明装筒灯

（b）暗装筒灯

图1-42　筒灯

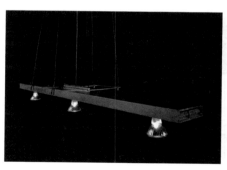
（a）吊挂射灯

（b）顶棚射灯

图1-43　射灯

图1-43（a）：射灯以各种组合形式置于装饰性较强的部位，从细节中发现情趣。因其属装饰性灯具，在选择时应着重考虑外形和所产生的光影效果。

图1-43（b）：射灯光线比较柔和，有些射灯还能够表现雍容华贵的空间氛围，既可以对整体照明起主导作用，又可以局部采光，烘托气氛。

　　射灯的照明魅力主要体现在光束角上，由于光源不可能无穷大，且灯具的出光是发散的，光不会布满整个空间。即使是球形的白炽灯，在灯头部位也会有光死角。从光轴的切平面看，在有光范围的边界上会形成界线，界线之间的夹角就是光束角。用于墙面照射的射灯光束角最佳角度为24°～30°（图1-44）。

　　筒灯和射灯的对比见表1-6。

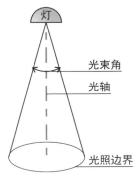

（a）光束角示意图

（b）15°模拟光束角照明效果

（c）24°光束角射灯照明效果

图1-44（a）：光束角是灯光照明范围的体现，主要由灯具的灯罩、透镜、功率、安装角度、照射距离等因素来决定。

图1-44（b）：15°光束角射灯适用于局部重点照明，照亮一幅画或一张桌子。

图1-44（c）：24°光束角射灯最常用，适用于照射墙角装饰品，安装位置距离墙面约为400mm。

（d）不同光束角照明对比

发光体
灯杯
一级聚光构造
二级聚光构造
三级聚光构造

（e）多级聚光构造

图1-44　射灯光束角

图1-44（d）：同等功率的射灯，光束角越小，照度越大，光束角越大，照度越小，要根据多种环境需要来选择。

图1-44（e）：射灯发光体外围具有多级聚光构造，每一级均能形成一个光束角，最终能获得多重光束效果。

表1-6　　　　　　　　　　　　　　　　　　筒灯和射灯对比

对比项目	筒灯	射灯
图例		
光源	光源方向是不能调节的，无聚光构造，光线相对于射灯要柔和	光源方向可自由调节，有聚光构造，光线集中

续表

对比项目	筒灯	射灯
应用位置	暗装筒灯安装在吊顶内，吊顶内空大于50mm才可以装，明装筒灯可以安装在无顶灯或吊灯的区域，间距600～1200mm，与墙面距离200～400mm。	可以分为轨道式、点挂式和内嵌式等多种。内嵌式射灯可以装在吊顶内，用于强调被照射物品、构造的装饰效果。射灯大多为独立功能照明，间距不定，与墙面距离不定
价格	较便宜	较昂贵
安装位置	嵌入到吊顶内，光线向下照射，不占据空间	安装在吊顶四周或家具上部，或置于墙内、墙裙或踢脚线内

1.4.9　发光顶棚

发光顶棚是模仿天然采光的效果而设计的，在玻璃吊顶至天窗间的夹层里装灯，便构成了发光顶棚。其构造方法有两种：其一将灯具直接安装在平整的楼板下表面，再用钢框架做成吊天棚的骨架，铺上某种扩散透光材料；其二使用反光罩，使光线更集中地投到发光天棚的透光面上（图1-45）。

1.4.10　轨道灯

传统轨道灯为明装轨道射灯，在杆状轨道上安插多件射灯，灯具的照明方向可以任意调节。现代室内空间追求简洁造型，将轨道嵌入吊顶板材中，灯具形成模块嵌入轨道，通过磁铁吸附安装，可任意变换位置，又称为磁吸轨道灯（图1-46）。

（a）局部发光顶棚

（b）整体发光顶棚

图1-45　发光顶棚

图1-45（a）：局部发光顶棚造型简单，耐久性强，能够有效地将顶棚处的设备管线和结构构件隐蔽，同时能很好改善室内的照明环境。

图1-45（b）：整体发光顶棚造型多样，富有曲线感，灵活性比较大，能够有效地提高整个空间内的装饰效果，但技术要求较高，施工难度较大。

（a）明装轨道射灯　　　　　　　　　　　　　　　　　　　　（b）磁吸轨道灯

图1-46　轨道灯

图1-46（a）：明装轨道射灯可直接安装在建筑楼板上，灯具完全暴露在空间中，不适合层高较低的室内空间，多用于专卖店、展厅等空间。

图1-46（b）：磁吸轨道灯成模块化设计，所有灯具模块均为嵌入磁吸，灯具可暗装或明装，形成丰富的照明氛围，可以根据室内层高来选择灯具模块品种。

－ 补充要点 －

照明设计程序

有序的设计能节省更多设计时间，同时也能使室内照明更具条理性，照明设计要充分结合时代特色，关注随时更新的照明设计标准，与时俱进，力求设计出具有时代特色和创意性的艺术照明作品（图1-47）。

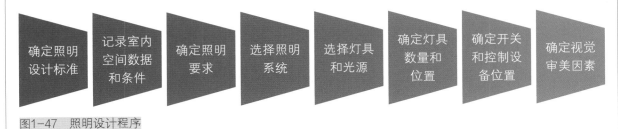

图1-47　照明设计程序

确定照明设计标准 → 记录室内空间数据和条件 → 确定照明要求 → 选择照明系统 → 选择灯具和光源 → 确定灯具数量和位置 → 确定开关和控制设备位置 → 确定视觉审美因素

本章小结

合理的照明设计能使室内空间更符合人的心理、生理需求，灯光是最富情感的设计元素之一，它具有增加空间层次、增强建筑装饰艺术效果、增添生活情趣的功能。照明设计不仅要满足功能需求，更要能够渲染空间装饰氛围，点缀装饰艺术造型。照明具有强烈的艺术美感，在照明设计中应当分析人的生理、心理和美学感受，以人性化设计理念进行合理的照明设计。

课后作业

1. 办公空间的照值一般在多少合适？

2. 明装筒灯与暗装筒灯分别有什么特点并且适用于什么场合？

3. 在家装照明设计中，不同的使用空间对于照明亮度有什么不同的要求？

4. 思考如何利用LED照明体现建筑外观特点。

5. 收集居住空间、办公空间、商业空间照明图片各10幅。

6. 收集西方古典风格、现代风格、中式传统风格灯具设计图案各10幅。作业数量：2件（210mm×297mm），装裱在约400mm×400mm的黑色纸板（或KT板）上。建议完成课时：4课时。

思政训练

1. 实地考察当地有关我党革命战争的纪念馆，了解当地的红色文化并思考在其区域使用了什么照明设施。

2. 通过网络等工具查阅、观看北京人民大会堂的室内空间，学习其照明布置。

第2章
照明电路设计

识读难度：★★☆☆☆
重点概念：照明电路、线路敷设、功率计算

◀ **章节导读**

照明电路在室内外空间设计中非常重要，为了充分表达设计理念，保证照明设计的实用性和安全性，设计师需要掌握电气设计基础知识，对于强弱电、回路设置、空开控制、电线线径、用电荷载等方面的知识要有一定了解（图2-1）。

图2-1：书房面积较小，照明灯具如果较单一会造成空间氛围单调，在空间中降低灯具安装高度，灯具布置多元化，让灯光层次更加丰富，灯具发光稳定可靠，导线规格要根据灯具功率精确计算后再确定。

图2-1　书房照明

2.1　照明与电学基础

在正式开始照明设计之前，需要了解照明电压，掌握强电、弱电基础知识。设计师应当掌握小范围改造照明电路的操作技能，这样既提高工作效率，也能降低照明工程成本。

2.1.1　照明电压

我国民用电压为220V，工业用电压为380V，两种均为交流电。不同场所的照明应选用不同的电压。220V电源是常见的供电电源，为单相供电，即1根火线与1根零线能构成一个完整的电源回路，满足照明等用电需求，在必要时会增加一根地线保障用电安全，这种组合称为单相三线；380V电源为三相供电，即3根火线与1根零线能构成一个完整的电源回路，满足大功率照明等用电需求，此外还有1根地线保障用电安全，这种组合称为三相五线。

在照明电路设计中，只会用到单相220V电压，即使是大功率灯具也是从380V三相五线中取1根火线与1根零线连接照明灯具，这样形成的电压仍然是单相220V。三相380V能承载的功率是单相220V电源的1.7倍左右。因此，220V单相三线适用于常规照明灯具，380V三相五线适用于高功率照明灯具（表2-1）。

为了延长灯具的使用寿命，减少灯具发热量，在照明灯具前端，多会使用变压器配件，将220V交流电转换为12V直流电，这种低电压直流电通常用于低功率局部照明灯具，如住宅中常用的筒灯、装饰射灯、灯带等。

不同的照明灯具功率不同，所需电流和电压也会有所不同（表2-2）。

表2-1 单相与三相供电对比

供电形式	电压	图例	适用	应用
单相三线	火线与零线之间为220V	火线→照明灯具 零线 地线	常规照明	直接连接照明灯具
三相五线	火线与零线之间为220V；火线之间为380V	火线1、火线2、火线3、零线、地线→动力机械设备	高功率机械设备	取其中1根火线与1根零线形成回路连接照明灯具

注：功率高且发热量大的照明灯具，金属外壳需要连接地线，防止灯具线路老化意外漏电，确保使用安全。

表2-2 常用照明灯具功率、电压、电流

照明功率/W	电压12V环境下的电流/A	电压220V环境下的电流/A
＜100	≤5	—
100～200	＞5～16	0.5～1.2
300～400	＞16～25	＞1.2～2.4
500～600	＞25～32	＞2.4～3.6
700～800	＞32～40	＞3.6～4.8
900～1000	＞40～63	＞4.8～6
2000	—	12
3000	—	18
4000	—	24

注：—表示超出主流空气开关产品限定，不主张列入设计范畴。

－ 补充要点 －

不同功率、电压灯具的适用范围

　　LED球泡灯，适用电压为90～270V，功率为80W，适用于工厂车间、商业超市、家居住宅等空间内的照明；LED防爆照明灯，主要电压为220V，功率有30W、40W、50W、80W、100W；LED玉米灯，末端电压为12V，功率为3～18W，照明效率高，比较经济，多在室内空间内使用，能够适应多种温度的环境（图2-2至图2-4）。

图2-2　LED球泡灯

图2-3　LED防爆照明灯

图2-4　LED玉米灯

图2-2：发光LED被罩在内部，乳白色灯罩能将光线散开，形成均匀发光，灯罩下部空间为散热片与变压器，可直接连接220V电源。

图2-3：LED防爆照明灯表面为钢化玻璃，外部框架为金属构造，具有很强的抗冲击力，主要接220V电源，部分产品需要外置变压器，将220V转换为12V或36V。

图2-4：LED发光贴片均匀排列，犹如玉米棒，下部构造内为散热片与变压器，可直接连接220V电源。

　　照明灯具电源末端的电压值与额定电压值都会有一定差距，主要受线路长度与用电环境影响。在常规工作场所中，实际电压偏移值为额定电压值的-5%～5%；远离电源的小面积空间，电压偏移值为额定电压值的-10%～5%。对于大型的照明器，还会采用照明变压器，照明电压会随着场景的不同而发生变化。

　　用于室内的照明灯具电压基本都在220V之内。无论是吊灯、台灯、壁灯、吸顶灯、射灯，还是筒灯，在使用时都要考虑到安全性，电压一定要控制好（图2-5至图2-7）。

图2-5：冰箱灯用于冰箱和展柜内的照明，属于特殊照明，电压为24V，功率在3～15W，正白光，能承受的温度跨度比较大。

图2-6：住宅餐厅半圆形吊灯，电压为220V，照明功率为40W，照射面积为15～30m²，主要适用于卫生间、走廊、客厅、庭院等室内家居空间。

图2-7：用于室内的灯具电压基本一致，功率变化较大。此处防水户外壁灯电压为220V，功率在40～50W，有效照明的地面面积为3～5m²。

图2-5　冰箱灯

图2-6　住宅餐厅灯

图2-7　庭院廊道壁灯

– 补充要点 –

灯具电压

我国电压通常都为220V，特殊场所会有例外。例如，移动式和手提式灯具，在干燥空间中电压不大于50V，在潮湿空间中电压应不大于25V；用于隧道、人防空间以及高温、有导电灰尘等场所，或灯具离地面高度低于2.4m的照明器，电压不大于36V；用于潮湿和易触及带电体场所的灯具，电压不大于24V；用于非常潮湿的空间但导线良好的灯具，电压不大于12V。

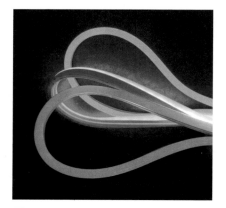

图2-8 LED柔性霓虹灯

图2-8：LED柔性霓虹采用聚乙烯（PE）树脂制作，能弯曲成想要的任何形状，具有非常强的灵活性，额外搭配整流器，输入电压为220V。

图2-9 霓虹灯应用

图2-9：广告文字LED柔性霓虹灯可制作不同造型的文字，能模拟出传统霓虹灯的光色效果，且更加节能。

图2-10 LED霓虹灯商业展示

图2-10：高密度低压LED霓虹灯在正常放电照明过程中会有发热，持续照明不要超过12h，否则会影响LED发光体的寿命。LED霓虹灯在商业空间中适用于局部装饰。

LED霓虹灯取代了传统的采用气体发光的霓虹灯，采用贯穿连续的LED灯光带制作，模拟出传统霓虹灯的连续照明效果。工作时灯具温度为75℃以下，它能在露天经受日晒雨淋，也能在水中工作，所产生的色彩绚烂多姿，且使用寿命较长，投入成本较低，是一种经济的照明灯具（图2-8至图2-10）。

2.1.2 强电与弱电

强电是指电压在220V以上的交流电，如我国的普通民用电压为220V，工业用电压为380V，这些都属于强电。强电的特点是电压较高、电流大、适用设备的功率大、频率低，主要应用于动力、照明（图2-11、图2-12）。

弱电是指电压在36V以下的直流电，我国安全电压有5个额定值：42V、36V、24V、12V、6V五种。在36V以内的直流电，特点是电压低、电流小、功率小、频率高，适用于如，安防监控系统、自动报警联动系统等智能化设备；电话、电视机等数字信号输入设备；音响设备输出端线路等（图2-13、图2-14）。弱电功率是以W（瓦）、mW（毫瓦）计，电压是以V（伏）、mV（毫伏）计，电流是以mA（毫安）、μA（微安）计。

图2-11 强电用电设备

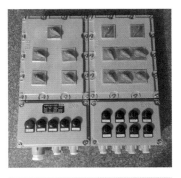

图2-12 照明配电集成开关
（配电箱）

图2-11：强电用电设备主要有照明灯具、电热水器、取暖器、消毒机、电冰箱、电视机、空调、电炊具等。

图2-12：照明配电集成开关（配电箱）主要用于发电厂、变电站、高层建筑、机场、车站、仓库、医院等建筑照明和小型动力控制电路，交流单相电压为220V，交流三相电压为380V，均属于低压强电。

图2-13 弱电应用

图2-14 弱电设备

图2-13：弱电用于信息传递，包括直流电路或音频、视频线路、网络线路以及电话线路，直流电压多在36V以内。

图2-14：弱电设备要独立设计安装，与强电设备分开，避免相互干扰。

2.2 照明电路布置

了解照明供电设计原则、照明供电回路、空气开关参数、配电箱等知识非常重要，有助于实现照明设计的节能、环保。

2.2.1 照明电路设计要领

（1）综合考虑照明线路的导线截面与导线长度，以每单相回路电流不超过16A为宜。

（2）室内分支线长度，三相380V电压的线路，布线长度一般不超过50m；单相220V线路，布线长度一般不超过100m。

（3）如果安装高强气体放电灯或其他温光照明，这类灯具启动时间长，启动电流大，单相回路电流不应超过30A，并要安装带漏电保护器的空气开关。

（4）每单相回路上插座数不应多于15个，灯头和插座总数不得超过30个，花灯、彩灯、多管荧光灯的插座宜以单独回路供电。

（5）应急照明作为正常照明的一部分同时使用时，应有单独的控制开关，应急照明电源应能自动投入应急使用。

（6）每个配电箱和线路上的负荷分配应力求均衡（图2-15）。

图2-15　电箱布置与检查

图2-15：电箱布置安装是照明电路设计的重要工程，布置时要注意照明线路是否通畅，安装完毕之后一定要通电检查。避免两个不同回路之间产生干扰、击穿、短路等风险，避免烧毁器件，造成触电事故。为了保证电线排列整齐，布局逻辑一目了然，应当采用网孔底板做基础，将线路横平竖直绑扎整齐。

2.2.2　照明供电回路设计

照明供电回路设计要结合具体情况进行，同时要考虑安全、成本等要求综合进行设计。以一套约为420m²的会议室为例，会议室的供电以照明为主，将空调、其他插座单独设计回路（图2-16）。

在照明系统中，每一个单相分支回路电流应不超过16A，且光源数量也不应超过30件，一般照明配电控制柜，最好将分支回路控制在20件以内，注意要配备好备用支路。

在普通照明分支回路中，不得采用三相低压断路器对三个单相分支回路进行控制保护。当所需的插座为单独回路时，每一个回路的插座数量都不得超过20件，而用于计算机等高档精密设备的电源插座数量一般不超过5件。

此外，大型吊顶中的灯带一般为单独回路，不与其他灯具回路混合，灯带分支回路的连接方式一般为间隔连线，能分开控制开启关闭，起到节能作用。当照明电路设计完毕后，还要考虑以后增补、修改，因此一个回路上一般为20件左右的灯具。在商场或办公空间中，若所有灯具布置形式、型号、功率相同，回路上的灯具可以破例达到50件。

2.2.3　照明电路设备

照明电路主要包括电能表、总空气开关、分支空气开关、导线、开关、插座、灯具等（图2-17至图2-25）。

2.2.4　照明电路实施步骤

照明电路设计应该根据整个空间的结构、照明设备位置、其他电器设备位置等综合考虑（图2-26）。设计时要充分考虑到不同回路负载的承受能力，不能超出负荷，以免引起短路，造成火灾事故。

2.2.5　空气开关与配电箱

选择合适的空气开关才能合理分配照明。空气开关与配电箱是室内空间电路设计中的重要部分，电源从室外进入室内，首先要接入配电箱中的空气开关，然后按设计回路进行布线。

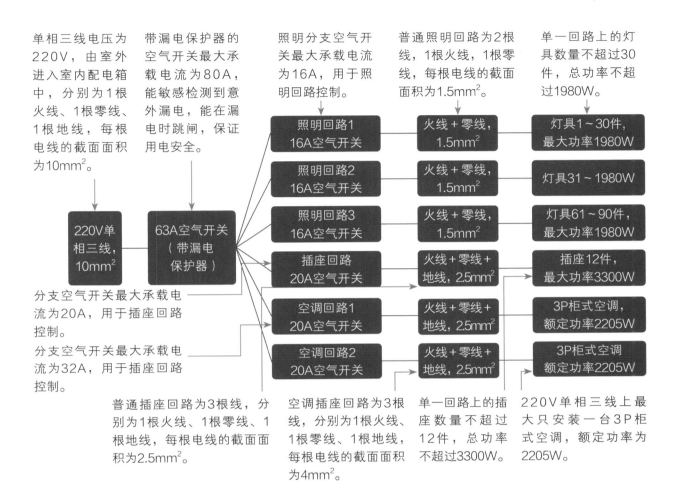

单相三线电压为220V，由室外进入室内配电箱中，分别为1根火线、1根零线、1根地线，每根电线的截面面积为10mm²。

带漏电保护器的空气开关最大承载电流为80A，能敏感检测到意外漏电，能在漏电时跳闸，保证用电安全。

照明分支空气开关最大承载电流为16A，用于照明回路控制。

普通照明回路为2根线，1根火线、1根零线，每根电线的截面面积为1.5mm²。

单一回路上的灯具数量不超过30件，总功率不超过1980W。

220V单相三线，10mm²

63A空气开关（带漏电保护器）

照明回路1 16A空气开关 —— 火线+零线，1.5mm² —— 灯具1~30件，最大功率1980W

照明回路2 16A空气开关 —— 火线+零线，1.5mm² —— 灯具31~1980W

照明回路3 16A空气开关 —— 火线+零线，1.5mm² —— 灯具61~90件，最大功率1980W

插座回路 20A空气开关 —— 火线+零线+地线，2.5mm² —— 插座12件，最大功率3300W

空调回路1 20A空气开关 —— 火线+零线+地线，2.5mm² —— 3P柜式空调，额定功率2205W

空调回路2 20A空气开关 —— 火线+零线+地线，2.5mm² —— 3P柜式空调，额定功率2205W

分支空气开关最大承载电流为20A，用于插座回路控制。

分支空气开关最大承载电流为32A，用于插座回路控制。

普通插座回路为3根线，分别为1根火线、1根零线、1根地线，每根电线的截面面积为2.5mm²。

空调插座回路为3根线，分别为1根火线、1根零线、1根地线，每根电线的截面面积为4mm²。

单一回路上的插座数量不超过12件，总功率不超过3300W。

220V单相三线上最大只安装一台3P柜式空调，额定功率为2205W。

图2-16 会议室电气分路设计示意图

图2-16：在进行照明设计之前都需要绘制此图，主要为设计师与施工员确定最终的灯具数量、照明回路、电线选配等作参考。电线的粗细决定了回路上的用电功率。简单的计算方式为：电线截面面积（mm²）×系数（1320）=最大承载功率（W），如照明电路1.5mm²×1320=1980（W）。但是在电路布置中还要考虑电线的质量、传输距离、用电设备质量等问题，应在最大承载功率的基础上乘以0.8，最终得出安全承载功率。在空调选择上，220V单相三线最大只能安装3P空调，1P空调额定功率为735W，3P空调额定功率为2205W，适用20A空气开关与2.5mm²电线。

图2-17 电子式单相电能表

图2-18 三相总空气开关

图2-19 单相总空气开关

图2-17：电能表用来测量电路消耗了多少电能，计量单位为千瓦时（kW·h）。电能表常见的有感应式机械电度表和电子式电能表，其中电子式电能表价格低，使用灵活，主要用于照明电路计电。

图2-18：三相总空气开关承载电流较大，多为80~125A，同时接入并输出三根火线。

图2-19：单相总空气开关承载电流适中，多为40~100A，同时接入并输出火线与零线，并带有漏电保护装置。

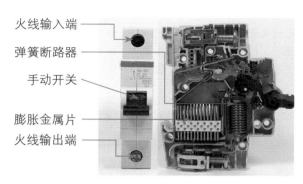

火线输入端
弹簧断路器
手动开关
膨胀金属片
火线输出端

图2-20　分支空气开关

图2-20：分支空气开关大多只对火线进行断路控制，当该回路上发生短路等电流过高状况时，高电流所产生的热量会使密封在内部的金属片膨胀，热能转化为机械能，促使开关断路，保证用电安全。

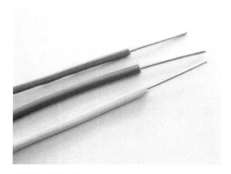

图2-21　导线

图2-21：导线内部为铜芯材质，照明导线的铜芯规格以1.5mm²和2.5mm²居多，外部绝缘层的颜色代表不同用途，如红色、绿色、黄色均表示三相火线；仅有红色表示单相火线；蓝色表示零线；黄绿相间表示地线；白色、黑色表示弱电或信号线等。

图2-22　灯具开关

图2-23　多功能插座

图2-22：灯具开关适用于照明回路末端灯具控制，电路中的火线在开关中断开或闭合，通过手动按压来控制。

图2-23：多功能插座适用于移动灯具，如立柱灯、装饰灯、台灯等，能随时拔掉插头，换其他用电设备接入电源。

图2-24　接线灯具

图2-24：接线灯具多为固定安装，安装在墙顶面或固定构造中，通过灯具开关控制。

墙面电源插座
脚踩开关

图2-25　插座灯具

图2-25：插座灯具多为可移动的装饰灯具，可在空间中随意摆放，通过插座连接电源，灯具上配有开关。

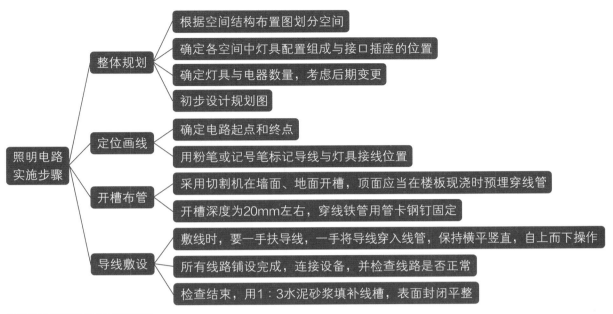

图2-26 照明电路实施步骤

图2-26：照明分支回路的功率要控制在约2000W，过低会造成导线回路连接功率不足，资源浪费；过高会造成电路过载，引发安全事故。如果使用大功率照明灯具，则按照100W/件计算。插座的左侧接零线（N），右侧接火线（L），中间上方接保护地线（PE）。一般插座用SG20管，照明用SG16管，当管线长度超过15m或有两个直角弯时，要增设接线盒。顶面上的灯具位要设接线盒固定，且接线盒与PVC管固定衔接。导线的接头应设在接线盒内，导线超出穿线管的线头要留出约150mm。

空气开关常见的型号有C16、C25、C32、C40、C60、C80、C100等规格，其中C表示起跳电流，是指能促使空气开关自动断路的电流强度。例如，C32表示起跳电流为32A，大型照明灯具达到6000W时要用C32的空气开关，达到7500W时要用C40的空气开关。建筑室内配电箱并非仅负担照明电能分配，它还会负担插座的电能分配（图2-27至图2-29）。

2.2.6 导线布置方法

熟练掌握电气设计方法才能进行科学的照明设计，电气设计时要明确线路布置，提前预留足够的插座与出线头，不能将两根火线共用一根零线（图2-30至图2-35）。

2.2.7 明敷与暗敷

了解电路敷设的基本知识，如果遇到照明故障，可以快速地寻找到故障原因，并提出相应的解决方案，在一定程度上延长照明电路寿命。

1. 明敷

明敷又称为走明线，采用绝缘材料制作的线槽，沿墙面、顶面等建筑构造敷设，可用于不太追求视觉效果的室内空间中，广泛用于工厂厂房、车间、库房等地（图2-36、图2-37）。

2. 暗敷

暗敷又称为走暗线，属于隐蔽工程，是将绝缘导线穿入镀锌钢管、聚氯乙烯（PVC）管、黄蜡管（聚氯乙烯玻璃纤维软管）中，然后将其埋入墙体、地面中。施工时先在相应部位开槽，再将导线和线

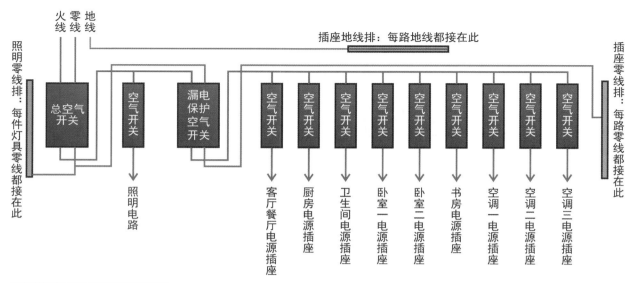

图2-27　空气开关安装示意图

图2-27：这是一套比较标准的家居住宅电路空气开关安装示意图，火线与零线由室外引入室内，接入总空气开关，由总空气开关输出后连通至漏电保护空气开关，然后输送到各分支空气开关。由于照明电路在家居住宅中配置较简单，因此不涉及连入漏电保护空气开关下游，防止受到其他大功率用电设备干扰。空气开关能控制总用电回路与分支用电回路的开关，在电路设计时多按空间与电器设备功能综合考虑，最终确定空气开关分配，力求每个分支回路彼此间不会发生干扰。

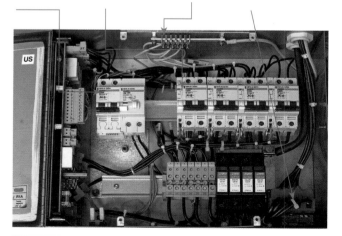

图2-28　单相配电箱

图2-28：单相配电箱进线为220V，电流强度在63A以下，负载分支照明灯具与电器设备（32A以下）。

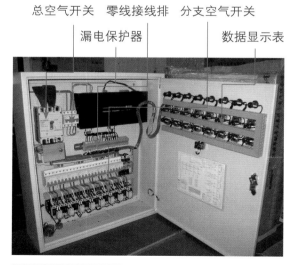

图2-29　三相配电箱

图2-29：三相配电箱进线为380V，电流强度在120A以下，负载分支照明灯具与电器设备（63A以下）。

图2-30　辨清导线颜色

图2-31　接线盒内预留

图2-32　导线螺旋相接

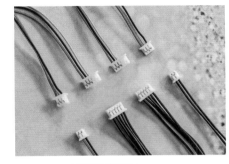

图2-33　导线端子相接

图2-34　吊顶上方配线

图2-35　混凝土墙面配线

图2-36　墙面明敷

图2-37　顶面桥架明敷

图2-30：导线颜色不能混用，根据图2-21中图解文字内容来搭配导线颜色。

图2-31：导线超出穿线管后应当预留150mm以上，用电工胶布绝缘缠绕后盘绕在接线盒内备用，待安装灯具时再解开连接。

图2-32：导线对接采用螺旋形缠绕连接，还可以根据需要对缠绕部位浸锡，强化连接效果。配线时要尽量减少导线接头，接头如果工艺不良会使接触电阻太大，造成电线发热量过大而引起火灾。

图2-33：低压电源可以采用接线端子连接，多适用于低压灯具与供电导线之间的连接。

图2-34：吊顶上方导向穿线管可采取最短距离连接，但是要采用管线钉卡固定牢靠。线的总截面面积应小于管内净面积的40%。

图2-35：干净混凝土结构面，采用黄蜡管穿套导线，但是长度应控制在1m以内，且避免过度弯折。

图2-36：墙面明敷施工简便、维护直观并且成本耗费较低，多采用PVC明装穿线管铺装，配套安装明装插座、开关、接线盒等设备。

图2-37：在照明控制设备机房，由于线路较多，都会采用吊挂式明装敷设。吊挂式电线敷设又称为桥架敷设，采用彩色镀锌钢板制作的线槽承托各种电线，桥架线槽通过钢筋或型钢吊挂在顶面下部，高度低于顶面横梁、管道设备、灯具，桥架的构造所需净空最低，方便敷设与检修。

管置入，最后用水泥砂浆等材料将其封闭。在装饰装修中也会将线管置于吊顶构造内，这样操作工序较少，也不影响美观（图2-38、图2-39）。

消防报警系统中也有照明设备，如应急灯，这些用电设备在进行电路设计时要注意：如果采用暗敷，应敷设在不燃体结构内，且保护层厚度不宜小于30mm；如果采用明敷，应采用金属管或金属线槽，其表面应涂刷防火涂料保护（图2-40、图2-41）。

图2-38　暗敷电线底盒

图2-38：用电锤与切割机在墙体上凿出凹槽，置入穿线管与接线盒，穿好电线后，用水泥砂浆将线槽封闭平整，在封闭管线之前，应保留实际布设电线图纸，以备维修时提高工作效率和准确度。

图2-39　暗敷插座面板

图2-39：在装饰装修后期，墙面完成饰面施工后，在接线盒上安装开关、插座面板，完成电路敷设，从外部看上去无任何电线形态，视觉效果良好。

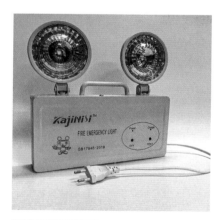

图2-40　应急灯

图2-40：应急灯安装在室内楼梯间、走道处醒目位置，当发生火灾时会收到消防照明、报警控制箱指令而点亮，或在整体电路断电后照明。

图2-41　消防照明、报警控制箱

图2-41：消防照明、报警控制箱安装应当与装饰面平齐，照明电路线材为专用双色绞线，具有较强的抗拉伸能力。

- 补充要点 -

家居住宅线路布置方法

客厅布4支路线，包括电源线、照明线、音响电视线和空调线，客厅至少应留4个电源线口。

餐厅布3支路线，包括电源线、照明线、空调线。

阳台布1支线路，电源线与照明线混合使用。

卧室布3支路线，包括电源线、照明线、空调线。床头柜的上方要预留电源线口，并采用带开关的5孔插线板；卧室照明灯光采用双控开关，一个安装在卧室门处，另一个安装在床头柜边。

厨房布2支路线，包括电源线和照明线。切菜区可以安装一个小灯，以免光线不足，并预留微波炉、电饭煲、消毒碗柜、电冰箱、料理机、油烟机等设备电源插座。

卫生间布置2支线路，包括电源线和照明线，吊顶上的取暖器可与照明线路相混合，热水器和洗衣机的电源插座要预留。

2.2.8 照明导线

电能是通过导线（电线）来传递的，导线品种繁多，根据不同用途，其导电能力不同，价格也有差别，如何经济合理地选择电线非常重要。

在导线标识上，BV-500表示单芯铜导线，绝缘层耐压500V，导线截面面积以mm^2计。电气设计可按$1mm^2$铜导线承载6A电流估算。$2.5mm^2$照明线可承受16A电流，即3300W电能消耗；$4mm^2$插座可承受25A，即5280W电能消耗（表2-3）。

照明设计要了解火线和零线的区别，火线的对地电压为220V；零线的对地电压等于零，这是因为它是与大地相连接在一起的，所以当人体的一部分碰到了火线（例如手触摸到火线），另一部分与大地相接触（例如脚站在地上），人体这两个部分之间的电压为220V，就有触电的危险了。反之，人站在地上用手去触摸零线，就没有触电的危险。照明导线安装之后要用试电笔进行检测，试电笔如图2-42所示。

表2-3　　　　　　　　　　　　　　220V电压环境下单芯铜导线承载电流和功率

导线截面/mm^2	承载电流/A	安全承载电流/A	最大承载功率/W
1.0	6~10	6	1320
1.5	>10~16	10	1980
2.5	>16~25	16	3300
4.0	>25~32	25	5280
6.0	>32~40	32	7920
10.0	>40~63	40	13 200

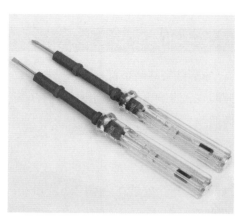

图2-42：在设计过程中一定要重视接地线的重要性，接地线正确接地可以提高整个电气系统的抗干扰能力。照明导线安装之后还要用试电笔进行检测，确保灯具设备外露的金属构造不带电。

图2-42　试电笔

2.3　照明电路设计案例解析

　　照明电路设计多与建筑室内装饰电路融为一体，照明电路图是建筑装饰设计图的重要组成部分。下面介绍两套照明电路设计方案，详细介绍照明电路设计方法。

2.3.1　家居住宅照明电路设计

　　家居住宅照明大多将照明电路按功能空间进行划分，根据功能需求配置相应功率的照明器具（图2-43至图2-52）。

图2-43：住宅是最为常见的建筑空间，平面布置图展示了设计师的具体设计理念与客户想要达到的布局形态，客厅、餐厅、卫生间、厨房、阳台、卧室等功能分区确定后才能安排照明灯具与电路。

图2-44：顶面布置图中详细设计了灯具布局，是照明灯具电路设计的基础。

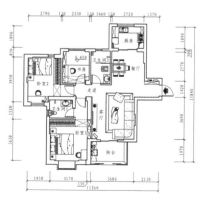

图2-43　家居平面布置图

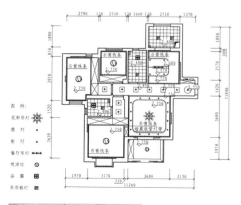

图2-44　家居顶面布置图

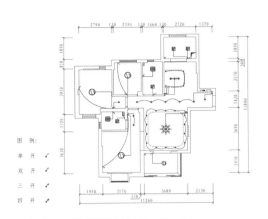
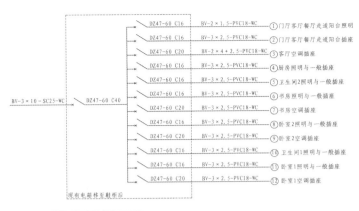

图2-45 家居照明灯具电路布置图 图2-46 家居电路系统图

图2-45：将灯具与墙面开关连接起来，根据使用功能安排开关位置。直线表示开关与灯具之间的连线，弧线表示灯具与灯具之间或多控开关之间的连线。

图2-46：BV-3×10表示引入室内的电线为3根10mm²铜芯电源线，分别为火线、零线、地线；SC25-WC表示上述电线穿入到φ25mm的镀锌钢管中，线管暗埋在墙体中输入室内；DZ47-60 C40表示采用的空气开关型号，最大承载电流为40A；DZ47-60 C16/C20表示后续分支空气开关型号，最大承载电流为16A/20A；BV-2×1.5表示引出的分支回路电线为2根1.5mm²铜芯电源线，分别为火线、零线；PVC18-WC表示分支回路电线穿入到φ18mm的PVC管中，线管暗埋在墙体中输入室内各处；最后带圈标号为电路回路的流水编号，后续文字内容为使用部位名称。

图2-47 客厅背景墙照明

图2-47：客厅背景墙采用3000K软管灯带（12W/m），环绕墙体造型。

图2-48 客厅顶面照明

图2-48：吊顶周边采用5000K筒灯（3W/个），吊顶内部暗藏3500K软管灯带（12W/m），主吊灯采用5000K的LED灯（21W/个），形成多级照明效果。

图2-49 餐厅照明

图2-49：餐厅周边采用5000K筒灯（3W/个），主吊灯采用4000K的LED灯（18W/个）。

图2-50 门厅走道照明

图2-50：门厅走道采用5000K筒灯照明（3W/个）。

图2-51 卧室顶面照明

图2-51：主吊灯采用3500K的LED灯（12W/个），搭配可变色温的床头灯（12W/个）。

图2-52 卫生间镜前灯照明

图2-52：卫生间镜前采用5000K镜前灯照明（9W/个）。

2.3.2　办公间照明电路设计

　　办公间照明电路会单独设计回路，在总控制空气开关后的第一个分支回路空气开关即为照明电路，但是单支照明回路的总功率不超过2000W为佳，如有超载可另设计其他分支回路（图2-53至图2-59）。

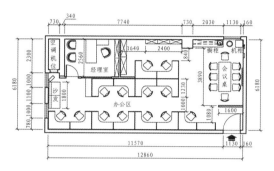

图2-53　办公间平面布置图

图2-53：办公间照明要能活跃企业气氛，增强员工工作积极性，同时也要营造一种舒适感。平面布置图将各功能区划分出来，为照明设计奠定基础。

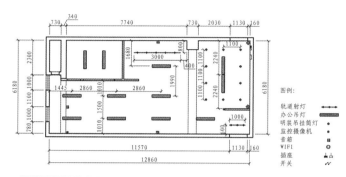

图2-54　办公间顶面布置图

图2-54：顶面不设计吊顶造型，将灯具吊挂安装，强化照度，提升对工作面的照明效果。

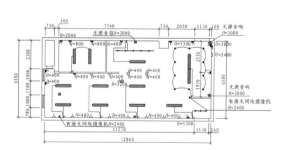

图2-55　办公间照明灯具电路布置图

图2-55：由于该设计方案的照明灯具设计内容不多，可以将灯具、开关、插座、弱电设备同步设计，一切以灯具照明电路为核心。

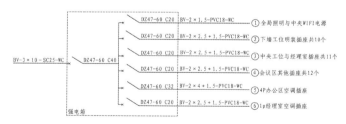

图2-56　办公间电路系统图

图2-56：BV-3×10表示引入室内的电线为3根10mm²铜芯电源线，分别为火线、零线、地线；SC25-WC表示上述电线穿入到φ25mm的镀锌钢管中，线管暗埋在墙体中输入室内；DZ47-60 C40表示采用的空气开关型号，最大承载电流为40A；DZ47-60 C20/C32表示后续分支空气开关型号，最大承载电流为20A/32A；BV-2×1.5表示引出的分支回路电线为2根1.5mm²铜芯电源线，分别为火线、零线；PVC18-WC表示分支回路电线穿入到φ18mm的PVC管中，线管暗埋在墙体中输入室内各处；最后带圈标号为电路回路的流水编号，后续文字内容为使用部位名称。

图2-57　门厅背景墙照明

图2-57：门厅背景墙采用3500K轨道射灯（7W/个）。

图2-58　办公区照明

图2-58：办公区采用5000K条形灯（18W/个），平均每8～10m²分布1个。

图2-59　会议区照明

图2-59：会议区采用4000K筒灯（12W/个），中央搭配5000K条形灯（18W/个）。

本章小结

　　电路是照明设计的基础，科学布线、科学用电、科学节能是我国照明行业发展的基本目标。设计师需要结合建筑装饰装修知识，掌握一定电学常识才能进行深化设计。本章所介绍的电学常识与电线敷设规范能帮助设计师掌握牢靠的电路基本功，让设计师真正设计出安全、高效的照明设计，营造出良好的照明环境。

课后作业

　　1. 在住宅设计中，强电与弱电分别应用在哪些设备上？

　　2. 明敷与暗敷分别有什么特点？并分别应用于哪些场合？

　　3. 在住宅照明设计中，哪些区域需要分路设计？为什么？

　　4. 导致空气开关跳闸的原因有哪些？

　　5. 查找相关优秀住宅电路设计施工图，配少量文字，制作10页左右PPT，在课堂上与同学交流。

　　6. 根据面积为90～120m²的居室平面图，进行基本电路设计并计算。作业数量：电路布置图一张，PPT一份。

　　建议完成课时：5课时。

思政训练

　　1. 自2021年以来，党中央正努力推进节约型机关的建设，学生可通过网络等工具了解国家机关的办公设备要求，并简略计算出电路功率与需要的电线规格。

　　2. 通过网络等渠道，查阅有关国家照明电路设计规范并进行总结。

第3章
照明量化计算

识读难度：★★★★☆
重点概念：光通量、照明量、计算公式

◄ 章节导读

　　照明设计中的照明量计算十分复杂，为了提高照明设计的学习、工作效率，本章通过大量图表列出照明数据，对数据进行套用，能快速计算出照明量。照明量计算是照明设计的基本功（图3-1）。

图3-1：住宅餐厅多远离外墙窗，日照采光不足，多采用灯光照明，照明需要经过精确计算，桌面与座位要强化照明，墙面装饰要表现出造型与挂件的体积感，必要时可以增加镜面来增强照明反射。

图3-1　住宅餐厅照明

3.1　照明量数据化

　　不同的空间对于工作面高度的照度有一定要求，通常为水平方向，而对于特定的空间，如画廊、艺术馆等，则是垂直面，不同空间对照明量化数据的要求是不同的。

3.1.1　光通量与灯具

　　照明设计主要根据灯具来实现照明目的，为了达到更好的照明效果，应当充分地了解灯具的光通量。选择合适光通量的灯具才能创造更具特色的视觉效果。

光通量的单位为流明（lm），在理论上相当于电学单位瓦特（W），灯具的功率不一样，光通量也会有所变化。光通量是说明光源发光能力的基本量（表3-1、图3-2至图3-4）。

表3-1　　　　　　　　　　　　　常见灯具参考光通量

灯的种类	光通量/lm	灯的种类	光通量/lm
60W标准白炽灯	900	5W射灯	250～300
18W荧光灯	1350	9W射灯	450～720
36W荧光灯	2600	15W射灯	750～900
100W高压钠灯	9500	1500W卤素灯	165000
100W卤素灯	8500	90W节能灯	5000

15W白光LED射灯

5W中性光LED壁灯　　5W中性光LED灯带

图3-2　美术馆照明

图3-2：美术馆选用不同功率的轨道射灯作为照明灯具，为书画和摄影作品提供不同程度的照明。

图3-3　卫生间照明

图3-3：室内空间照明增多后会体现丰富的空间层次，在塑造灯光氛围的室内空间应当选用至少三种灯具相互搭配，形成丰富的照明效果。

500W卤素灯

图3-4　室内篮球馆照明

图3-4：室内篮球场内空高6.9m，平均每10m²设置一件吊灯，均衡排列布置，形成无影化地面采光。

3.1.2 照明功率密度

照明功率密度是指在达到规定的照度值情况下，每平方米所需要的照明灯具的功率。

照明功率密度的计算方法如下：

照明功率密度（W/m²）＝照明灯具的功率总和（W）÷房间面积（m²）

下面列举一些常见的照明功率密度值及其适用场所。由于不同空间对照明的功能性需求有所不同，所要达到的照度也会有所不同。在选用照明灯具时可以作为参考（表3-2）。

在照明设计中还有其他因素会影响到最终的照明效果。例如，有的照明方式仅适合于具有白色或浅色调的墙面、窗户数量适当的普通空间，当空间墙面为暗色调或空间形态特殊时，再选择同样的照明方式，可能会达不到预

表3-2   常见空间的照度与照明功率密度

常用场所	图例	照度/lx	荧光灯或LED灯的照明功率密度/（W/m²）	白炽灯或卤钨灯的照明功率密度/（W/m²）
公共空间走廊、楼梯		20～50	1～2	3～6
办公室走廊、剧场观众席		50～100	3～5	6～10
建筑门厅、等候厅、商场中庭		100～200	5～10	10～20
办公区、教室、会议室、大型商场		200～500	10～25	不推荐
实验室、工作区、体育场		500～1000	25～50	不推荐

15W暖色光LED吊灯

15W冷色光LED吊灯

图3-5　不同灯具拥有不同的功率

图3-6　环保型灯具

图3-5：在不同风格餐厅中，所选用的灯具也有所不同，餐厅设计有木质屏风，为了体现古朴的气息，灯具选用了与木质屏风相应的藤蔓式的灯罩，下覆照明功率密度比较小的LED灯。

图3-6：艺术吊灯可以很好地增强现代感，餐厅墙面色调偏白，灯具也选用以白色为主色的球形艺术吊灯，球形灯罩能降低光的亮度，使得整体照明明亮而不刺眼。

期照明效果。

　　为了更好地营造照明环境，可以降低照明功率密度，使照明环境更顺应人心，更符合大众的需求，也更绿色环保（图3-5、图3-6）。

　　选择高效的灯具是降低照明功率密度最关键的要素，如果难以达到照明功率密度限值，还可以通过降低光照强度来改善状况。例如，可以将通道和非作业区的光照强度降低到作业面光照强度的30%；装饰性灯具可以按其功率的50%来计算照明功率密度值；适当降低灯具的安装高度来提高灯具照明效果。

3.1.3　空间类型与照度值

　　空间照度值是指空间内的光照强度，是单位面积上所能接受的可见光的光通量，主要用于指示光照的强弱与物体表面积被照明的程度。

　　利用因数，用英文符号C_u表示，是指投射到工作面上的光通量（包括直射光通量和多方反射到工作面上的光通量）与照明灯具发射的光通量之比。例如，悬挂式铝罩灯高度可以调节，C_u取值浮动范围较大（图3-7）；内嵌式筒灯安装高度较高，光通量较小，C_u取值相对较低（图3-8）；博物馆要表现出展品的特征，C_u取值较高（图3-9）；普通住宅室内高度恒定为2.8m，C_u取值较均衡（图3-10）。

图3-7　悬挂式铝罩灯

图3-8　内嵌式筒灯

图3-7：安装悬挂式铝罩灯的空间高度在3m时，灯具的利用因数C_u取值为0.7~0.45。

图3-8：筒灯在约为2.5m高的空间中使用时，灯具的利用因数C_u取值为0.4~0.55。

图3-9：灰尘的累积，会导致空间反射效率降低，而博物馆属于比较干净、肃静的场所，灯具的利用因数C_u取值为0.8。

图3-10：灯盘在约为3m高的空间中使用时，灯盘的利用因数C_u取值为0.6～0.75。

图3-9　博物馆照明

图3-10　灯盘应用

随着照明灯具的老化，灯具光输出能力的降低以及光源使用时间的增加，光源会慢慢发生光衰现象。这里列举了不同空间的参考照度值，供照明设计参考（表3-3）。

表3-3　　　　　　　　　　　　　　　不同空间的照度参考值

大空间	小空间	图例	主要照明区域与活动	照度/lx
住宅空间	玄关		镜子	500～750
			装饰柜	200～300
			一般活动	100～150
	客厅		桌面、沙发	200～300
			一般活动	50～75
	书房		写作、阅读	600～800
			一般活动	80～100
	厨房、餐厅		餐桌、台柜、水洗槽	300～500
			一般活动	100～150
	卧室		看书、化妆	500～750
			一般活动	30～40
			深夜	1～2

续表

大空间	小空间	图例	主要照明区域与活动	照度/lx
住宅空间	儿童房		作业、阅读	500～800
			游玩	200～300
			一般活动	100～150
	卫生间		一般活动	100～150
			深夜	2～3
	走廊、楼梯		一般活动	50～80
			深夜	3～5
	车库		清洁、检查	300～400
			一般活动	50～80
商业空间	商店公共空间		局部陈列室	1000～1500
			重点陈列部、结账柜台、电扶梯上下处、包装台	800～1000
			电扶梯、电梯大厅	500～600
			一般陈列、洽商室	500～800
			接待室	200～300
			化妆室、卫生间、楼梯、走廊	100～150
			店内一般休息室	80～100
	日用品店		重点陈列部	800～1000
			店面重点部分	600～800
			店内一般区	400～500
	超市		主陈列室	1500～2500
			店内一般区	1000～1500

续表

大空间	小空间	图例	主要照明区域与活动	照度/lx
商业空间	百货商场		橱窗重点、展示部、店内重点陈列部	2000～3000
			专柜、店内陈列	1200～1500
			服装专柜、特价品	1000～1200
			低楼层	500～800
			高楼层	400～600
	服饰店		橱窗重点	2000～2500
			试衣间、专案柜、重点陈列	1000～1200
			特别陈列	800～1500
	文化用品店		橱窗重点、店内陈列部	1500～3000
			舞台商品的重点	1000～1500
			室内陈列、服务专柜	750～1000
	休闲用品店		室内陈列的重点、模特表演场、橱窗	800～1000
			店内一般陈列、特别陈列、服务专柜	600～800
			店内其他陈列	400～600
	生活品专用店		橱窗重点	1000～1500
			展示室	750～1000
			服务专柜	400～500
	高级专门店		橱窗重点	2500～3000
			店内重点陈列	1200～1500
			一般陈列品	800～1000
			服装专柜、设计发表专柜	600～800
			接待室	300～400
娱乐、休闲空间	美术馆、博物馆		模型、雕刻（石、金属）	800～1200
			大厅	400～600
			绘画、工艺品、一般陈列品	200～300
			标本展示、收藏室、走廊楼梯	100～150
			幻灯片放映室	10～20

续表

大空间	小空间	图例	主要照明区域与活动	照度/lx
娱乐、休闲空间	公共会馆		化妆室、特别展示室	1000～1500
			图书阅览室、教室	400～700
			宴会场所、大会议场、展示会场、集会室、餐厅	300～500
			礼堂、乐队区、卫生间	150～200
			结婚礼堂、聚会场、前厅走廊、楼梯	100～150
			储藏室	50～80
	酒店、旅馆		前厅柜台	1000～1500
			行李柜台、洗面镜、停车处、大门、厨房	400～500
			宴会场所	400～500
			餐厅	200～250
			客房、娱乐室、更衣室、走廊	100～150
			安全灯	5～10
	公共浴室		柜台、衣物柜、浴室走廊	300～500
			出入口、更衣室、淋浴间、卫生间	200～300
			走廊	100～150
	美容院、理发店		剪烫发、染发、化妆	800～1000
			修脸、整装、洗发、前厅接待台	600～800
			店内卫生间	200～300
			走廊、楼梯	100～150
	餐厅、饮食店		食品柜	1200～1500
			货物收受台、餐桌、前厅、厨房调理房	500～600
			正门、休息室、餐室、卫生间	200～300
			走廊、楼梯	100～150
	剧院、戏院		售票室、出入口、贩卖店、乐队区	300～400
			观众席、前厅休息室、卫生间	150～200
			放映室、控制室、楼梯、走廊	80～100
			控制室、放映室	20～30
			观众席	3～5

- 补充要点 -

光照度测量

通过照度计来测量照度，照度计主要由光电池和照度显示器这两部分组成，它可以用来测量被照面上的照度，也可以测量同一空间内不同面向的照度值。测量时要注意如果想要测量桌面的照度，则需要将照度计平放于桌面；测量墙面照度，则要将照度计紧贴于墙面。

3.2 照明量计算

照明计算是成功完成空间照明设计的基本功，设计师不仅需要具备运用灯光营造环境气氛的审美能力，还要能对照明设计进行量化的计算。

3.2.1 照度计算

照度会受到照明灯具品种、安装高度、房间大小、反射率的影响，根据照度的基本计算方法迅速得出所需的照度，并将其运用到合适的区域，下面介绍照度的基本计算方法。

照度（lx）＝光通量（lm）÷面积（m²）

这是简化照度的计算方法，是指用光源的总光通量除以被照明场所的面积，这样就能得到被照明场所的照度近似值。熟练地掌握这种计算方法能够使照明设计更科学化、数据化（图3-11至图3-15）。

即使在同一空间，由于场景的需求不同，照度也会有所不同，照明设计可以采用调光装置或运用多种组合的形式来达到不同照度。在计算简化照度时，所得出的数值只能作为参考值，在实际应用中还需要根据空间的规模、形状、装饰材料、设计主题、适用人群等因素进行调整。此外，不同的自然光环境下照度也是不一样的，昼夜变化以及晴雨的变化都会对照度有所影响（图3-16至图3-18）。

图3-11 健身房照度

图3-11：健身房器械室在设置照度值时，参考平面为离地750mm的水平面，照度为300~500lx。

图3-12 卫生间照度

图3-12：家居卫生间在设置照度值时，参考平面要距离地面750mm，根据面积的不同，照度值也不同，照度为100~150lx。

图3-13 酒店宴会厅照度

图3-13：酒店宴会厅在设置照度值时，参考平面要距离地面750mm，根据功能需求的不同，照度值也有所不同，照度为400~500lx。

图3-14 美容院照度

图3-15 理发店照度

图3-14：美容店在设置照度值时，参考平面要距离地面750mm，根据面积的不同，照度值也有所不同，照度为600~800lx。

图3-15：理发店在设置照度值时，参考平面要距离地面750mm，照度为800~1000lx。

图3-16 室外光照环境

图3-16：晴天室外的照度在5000~10 000lx；阴天室外的照度在3000~5000lx，室内照度则在500~800lx。

图3-17 黄昏光照环境

图3-17：在黄昏时分，室内的照度是200lx；在比较黑的夜晚，照度在1~2lx；在有星光的夜晚，照度在2~3lx；在有月亮的夜晚，照度在3~4lx；在月圆夜，照度在4~6lx。

图3-18 结合自然光进行照明设计

图3-18：不同自然光环境下的照度值不同，在照明设计时应当将空间的采光方向、自然朝向、空间高度等与之结合起来，所营造的灯光效果也会更丰富，更具有艺术气息。

3.2.2　利用因数法计算照度

照度可以通过利用系数法进行计算，这样更精确，公式如下：

平均照度（lx）＝单个灯具光通量（lm）×灯具数量（个）×利用因数×维护因数÷地板面积（m²）

这个公式适用于公共空间如体育场的照明计算。

单个灯具光通量（符号用 φ ）指的是这个灯具裸光源总光通量值，利用因数是指从照明灯具放射出来的光束有百分之多少到达地板与作业台面上，与照明灯具的设计、安装高度、房间的大小与反射率相关，如室外体育馆的利用因数为0.35。

K—维护因数，根据空间清洁程度与灯具的使用时间等会有所不同。一般较清洁的场所，如客厅、卧室、阅读室、医院、营业厅、体育场等维护因数为0.8；污染指数较大的场所维护因数约为0.6（图3-19、图3-20）。

根据灯具在不同空间的利用因数，可以计算出空间照度值以及所需灯具的数量，但所有数值并不是一成不变的，利用因数可能会随着装饰材料的变化而变化。此外，利用因数与墙壁、顶棚及地板的颜色和洁污情况也有关系，墙壁、顶棚等颜色越浅，表面越洁净，反射的光通量越多，利用因数也就越高，灯具的型式、光效和配光曲线也会对利用因数产生影响（图3-21至图3-23）。

图3-19　灯具反射光通量与悬挂高度有关

图3-19：利用因数的数值变化与灯具的悬挂高度有关，灯具悬挂高度越高，反射的光通量就越多，利用因数也就越高。

图3-20　光通量与空间面积有关

图3-20：利用因数变化与空间面积形状有关，空间面积越大，越接近于正方形，则直射光通量就越多，利用因数也就越高。

图3-21 利用因数与墙面、顶棚材料有关

图3-21：墙面、顶棚材料在符合风格的前提下，还需尽量选择色泽较浅，表面质地较光滑的材料，这样也能更便于照明设计。

图3-22 利用因数与灯具洁净度有关

图3-22：灯具在使用期间，光源本身的光效会逐渐降低，灯具会陈旧脏污，被照场所的墙壁和顶棚会有污损，工作面上的光通量也会因此有所减少。

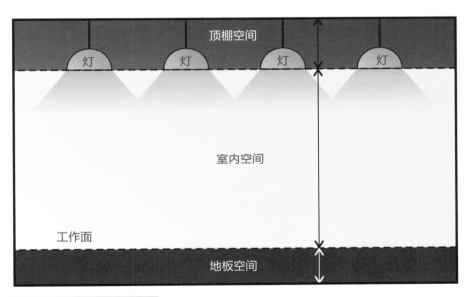

图3-23 不同区域的反射比

图3-23：图中清晰标明了顶棚空间、室内空间、地板空间的划分区域，灯具在这些区域有不同的反射比，相应的利用因数也会有所不同。

3.2.3 照度与照明功率密度

照度用于指示光照的强弱和物体表面积被照明程度，单位为lx（勒克斯）。用房间面积（m^2）乘以照明功率密度（W/m^2），来计算空间中所使用灯具的总用电功率。在室内空间中配置灯具时，再根据灯具的功率来选择灯具型号与数量。灯具的功率单位为瓦特（W）。

3.3 照明量计算案例解析

对实际案例的计算，可以帮助我们快速了解照明功率密度的计算方法，下面就对案例进行计算分析。

3.3.1 办公室照明计算

设计条件：办公室长10m，宽10m，平均照度大约400lx，根据表3-4可选择照明功率密度为12W/m²的荧光灯（32W的T8条形灯）作为所需要照明的灯具，办公室内灯具数量是多少？

根据公式可求得：

灯具的用电功率（W）=房间面积（m²）×照明功率密度（W/m²）

=100（m²）×12（W/m²）=1200（W）

如果选用32W的T8条形灯，大约需要1200（W）÷32（W/件）=38（件）。

结论：需要32W的T8条形灯38件（图3-24）。

3.3.2 会议室照明计算

设计条件：在一间会议室的观众席照明中，会议厅面积是300m²，所需要的照度大约是300lx，选择60W或100W的下射灯，根据表3-4可选择照明功率密度为10W/m²，会议室灯具数量是多少？

根据公式可求得：

灯具的用电功率（W）=房间面积（m²）×照明功率密度（W/m²）

=300（m²）×10（W/m²）=3000（W）

若选用60W的下射灯，大约需要3000（W）÷60（W/件）=50（件）。如果选用100W的下射灯，大约需要3000（W）÷100（W/件）=30（件）。

结论：需要50件60W的下射灯或30件100W的下射灯（图3-25）。

图3-24 办公室照明

图3-24：办公区域一般都有计算机，工作台面的照度一般为400lx。

图3-25 会议厅照明

图3-25：会议室根据场地规模大小不同，照度会有不同，普通会议室照度宜为250lx，中等会议室照度宜为300lx，高级会议厅照度宜为350lx。

表3-4 常用空间照度与照明功率密度

空间	图例	等级	照度/lx	照明功率密度/(W/m^2)	空间	图例	等级	照度/lx	照明功率密度/(W/m^2)
办公室		普通	400	12	配电间		普通	180	6
会议室		普通	300	10	电梯机房		普通	210	7
服务大厅		普通	300	10	公共车库		普通	90	3
走廊		普通	120	4	控制室		一般控制室	300	10
							主控制室	480	16
门厅		普通	90	3	常规设备机房		普通	90	3
		高档	200	6	计算机网络中心		普通	420	14
电梯厅		普通	90	3	仓库		一般仓库	120	4
		高档	150	5			大件仓库	180	6
楼梯间		普通	60	2	卫生间		普通	90	3
		高档	120	4			高档	150	5

注：在照明设计中应尽量降低实际照明功率密度，实现环保节能效果。

3.3.3 教室照明计算

设计条件：面积为96m²的教室，用32W的T8条形灯作为所需要照明的灯具，根据表3-4，教室的照明功率密度与办公室、会议厅相当，因此设为8~12W/m²，教室内灯具数量是多少？

根据公式可求得：

当采用荧光灯进行照明时，最少需要的电功率为96（m²）×8（W/m²）=768（W）

最多需要的电功率为96（m²）×12（W/m²）=1152（W）

相应地，所需灯具，最少需要768（W）÷32（W）=24（件）；最多需要1152（W）÷32（W）=36（件）。

结论：需要24~36件32W的T8条形灯（图3-26）。

3.3.4 住宅照明计算

住宅空间室内层高净空为2800mm以下，根据前文表3-4进行推断，照明功率密度一般为6~14W/m²。具体计算分配如下：

（1）外部阳台为6~8W/m²。

（2）卫生间、玄关、走道等为8~10W/m²。

（3）卧室、书房为10~12W/m²。

（4）餐厅、客厅为12~14W/m²。

（5）厨房、操作间为14W/m²。

下面列出餐厅与书房这两处空间，进行详细计算，计算结果的实际光照功率与理论功率基本接近即可，±20%以内属于正常（图3-27、图3-28）。

图3-26 教室照明

图3-27 住宅餐厅照明

落地灯1件：1只×25W/只=25W
筒灯5件：5件×12W/件=60W
软管灯带1周：7m×8W/m=56W
主灯1件：10只×18W/只=180W
实际功率为：321W

餐厅面积约为：5.6m×4.8m=27m²
理论功率为：27m²×12W/m²=324W
实际功率321W≈理论功率324W

图3-26：教室照度为300~400lx，灯具开关根据教室内实际使用人数设置，全部坐满时则全部灯光开启。

图3-27：住宅餐厅照明，一般在餐桌上方采用直接照明灯具，保证较高照度的需求，其他部位照度适中即可。

（a）书房全貌

图3-28 住宅书房照明

双联筒灯3件：3件×24W=72W
台灯1件：1只灯头×25W=25W
筒灯2件：2件×12W=24W
合计功率为：121W

书房面积约为：3m×4m=12m²
理论功率为：12m²×10W/m²=120W

（b）书房局部

图3-28：住宅书房照明主要集中在背景墙和书桌上，将人的视觉中心集中在这两处，满足工作、学习要求，营造良好的氛围。

照明能缔造五光十色的空间，在设计初期，照明设计的片面化理解仅能为整体设计提供思路，要达到照明与人融合，与环境融合，就必须要由表及里，并统筹全局，以深刻认知照明数据为前提进行照明设计，精确计算出灯具数量与品种，才能进行后续照明安装施工。

课后作业

1. 在照明设计中，平均照度是如何进行计算的？

2. 在商店公共空间中，不同功能空间的照度值分别是多少？

3. 办公室长10m，宽10m，选择照明功率密度为12W/m²的荧光灯（32W的T8荧光灯）作为所需要照明的灯具，教室内灯具有38只，使用照明功率密度法求平均照度。

4. 面积为30m²的客厅，要求达到约300lx照度，采用光通量为1200lm的18W标准紧凑型荧光灯，使用简化流明法求该教室使用灯具的数量。

5. 工作室长30m，宽15m，顶棚高2.8m，桌面高0.75m，灯具采用36W标准T8荧光灯，光通量2850lm，使用利用因数法求该空间平均照度。

6. 根据之前完成的居室平面图，使用照度计算方法计算出其空间所需照度。作业数量：在A4复印纸上，列出公式，得出结论。建议完成课时：8课时

1. 查阅有关市政大会堂灯光布置的相关资料，了解其灯光布置内涵及使用的灯具类别，简单推算出其空间所需照度。

2. 实地考察本校的办公室节能情况，并对办公室进行简略照明计算。

第4章
照明方式

识读难度：★★★☆☆
重点概念：直接照明、间接照明、
艺术照明

章节导读

照明设计中最常用的两种方式是直接照明与间接照明，能使照明设计满足多元化、艺术化需求。此外，艺术照明也在不断提升，已经成为公众能够触及、感受的艺术形式。如果没有创造性思维来设计照明空间，就不可能产生优秀的作品，这些丰富的照明方式能为空间照明增添更多魅力（图4-1）。

图4-1：特色风格厨房餐厅中对照明的设计要求更高，传统吊灯仅作为装饰照明，而不作为主要照明，顶部筒灯、射灯有目的地照射到墙面、家具表面，形成多重反射效果，能提升空间的层次感。

图4-1　艺术餐厅照明

4.1　照明类型

照明设计不仅能够满足视觉功能上的需要，还能使环境空间具有相应的气氛与意境，增加环境的舒适度。选择不同的照明方式，能营造出不同的视觉效果。

4.1.1　直接照明

光线通过灯具射出，其中90%～100%的光源到达被照射面上，这种照明方式为直接照明。直接照明能形成强烈的明暗对比和生动有趣的光影效果，可以突出被照射面在整个环境中的主导地位，但是由于亮度较高，应当防止产生眩光。如射灯、筒灯、吸顶灯、带镜面反射罩的灯具，在局部照明中，只需小功率灯具即可达到所需的照明要求（图4-2至图4-4）。

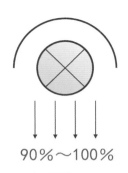

90%～100%

图4-2 直接照明

图4-2：直接照明是指90%～100%的光源到达照射面上，照明效果好，单位面积光通量较高。

图4-3 公共餐厅直接照明

图4-3：远离外墙门窗的室内空间，会采取直接照明来模拟阳光，采用投射性能较好的筒灯、射灯、吊灯。

图4-4 等候厅直接照明

图4-4：直接照明可采用呈线状或面状的灯带、灯片，将其暗藏在吊顶内，向下照明。

- 补充要点 -

住宅空间灯具的选择

住宅灯具选用应根据使用者的职业、爱好、生活习惯，并兼顾家居设计风格、家具陈设、施工工艺等多种因素来综合考虑。客厅一般使用庄重明亮的吊灯为主要照明灯具，在主要墙面与边角处配置局部射灯或落地灯。餐厅灯具选用外表光洁的玻璃、金属材料的灯罩，能随时擦拭，利于保洁。卧室可用壁灯、台灯、落地灯等多种灯具联合局部照明，使室内光源增多，层次丰富而光线柔和。书房除了配置用于整体照明的吸顶灯外，台灯或落地灯是必不可少的。厨房、卫生间由于长期遭受油污、水汽侵扰，应采用灯罩密封性较强的吸顶灯或防潮灯。

4.1.2 半直接照明

半直接照明是将半透明材料制成的灯罩罩在光源上，60%～90%的光源集中射向照射面，10%～40%被罩光源经半透明灯罩扩散而向上漫射，其光线比较柔和。半直接照明常用于净空较低的室内空间。漫射光线能照亮平顶，使房间顶部视觉高度增加，因而能产生较高的空间感（图4-5至图4-7）。

4.1.3 间接照明

间接照明是将光源遮蔽而产生间接光的照明方式，通常有两种处理方法：一种是将不透明的灯罩装在灯具的下部，光线射到平顶或其他物体上反射成间接光线；另一种是将灯具设在灯槽内，光线从平顶反射到室内成间接光线（图4-8至图4-10）。

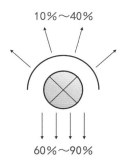

图4-5　半直接照明

图4-5：半直接照明是指60%~90%的光源射向照射面，10%~40%光源经半透明灯罩扩散而向上漫射，光照较强，具有一定的装饰效果，灯具造型变化大。

图4-6　客厅半直接照明

图4-6：台灯灯罩以及落地灯灯罩上部都有开口，这种向上照射的光线可通过天花板反射后投射下来，从而达到半直接照明的目的。

图4-7　办公区半直接照明

图4-7：半直接照明适用于对采光要求较高，同时兼顾休闲娱乐效果与营造轻松氛围的餐饮空间、会议洽谈空间。

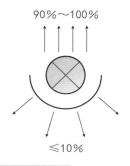

图4-8　间接照明

图4-8：间接照明是指90%~100%的光源通过顶面反射，10%以下的光源则直接照射受光面，光照较弱，具有较强的装饰效果，照明的整体性较好，灯具造型变化大。

图4-9　会客区间接照明

图4-9：间接照明单独使用时，要注意不透明灯罩下部的浓重阴影，通常和其他照明方式配合使用，以便取得特殊的艺术效果。

图4-10　商业空间走道间接照明

图4-10：间接照明适用于对采光要求不高的通过性空间，间接照明的光线几乎全部经过反射，因此非常柔和，无投影，不刺眼，一般安装在柱子、天花吊顶凹槽处的反射槽。

- 补充要点 -

灯具选择注意要点

选择灯具需要注意地面距顶面的高度，避免灯具对空间造成压迫感；了解各个空间的灯具配置，如客厅的灯具安装高度应当为使用者的手伸直碰不到的距离，卧室使用吸顶灯或半吊灯，灯的高度不宜太低，以免使人产生紧张感；了解最常开灯的功能空间，根据人流量与使用频次来设置灯具。

4.1.4　半间接照明

半间接照明与半直接照明相反，它将半透明的灯罩装在光源下，这种方式能产生比较特殊的照明效果，使较低矮的房间有增高的感觉，也适用于小空间，如门厅、过道等（图4-11至图4-13）。

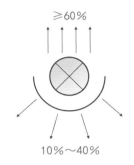

图4-11　半间接照明

图4-12　餐厅半间接照明应用

图4-13　休息室半间接照明应用

图4-11：半间接照明指60%以上的光源射向顶面，10%～40%光源经灯罩向下扩散，光照较弱。

图4-12：市场上大多数吊灯都会采用半间接照明方式，光源分布比较均匀，室内顶面无投影，整体空间也会显得更加透亮。

图4-13：半间接照明适用于对采光要求不高且内空较低的休闲空间，不仅可以避免灯具带来的压抑感，同时也能保证空间的基本照明。

- 补充要点 -

多种照明形式

将单点壁灯或管状壁灯设计成向上照射的形式，以达到间接照明的目的；可以选择将灯光置于地面，或将光源设计为从下往上照射，以使光源能全面覆盖空间，但要注意避免眩光，可借助绿植来适当遮掩；可以使用落地灯，落地灯的照明设计比较自由，基本不受空间环境限制，适用于更多场景。

4.1.5　漫射照明

漫射照明是利用灯具的折射功能来控制眩光，40%～60%的光源直接投射在被照明物体上，其余的光源经漫射后再照射到物体上，光线向四周扩散漫散，这种照明方式光源分配均匀，光线柔和。

漫射照明主要有两种形式，一种是光源从灯罩上口射出经平顶反射，两侧从半透明灯罩扩散，下部从格栅扩散；另一种是用半透明灯罩将光源全部封闭而产生漫射，这类照明光线柔和，视觉舒适（图4-14至图4-16）。

适当的照明方式能使色彩倾向与色彩情感发生变化，适宜的光源能对整个空间环境色彩起到重要影响。例如，直接照明可以使空间比较紧凑，而间

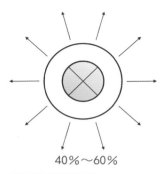

40%～60%

图4-14　漫射照明

图4-15　阳台漫射照明

图4-16　卧室漫射照明

图4-14：漫射照明是指40%～60%的光源直接投射在被照明物体上，照明效果较弱，具有较强的装饰效果，照明的整体性较好。

图4-15：通常在灯具上设有漫射灯罩，灯罩材料普遍使用乳白色磨砂玻璃或有机玻璃等，可用于门厅玄关或阳台处。

图4-16：漫射照明适用于对采光要求不高的休息空间局部照明，照明不会轻易产生眩光，使用效果较好。

接照明则使空间显得较为开阔；明亮的灯光使人感觉宽敞，而昏暗的灯光则使人感到狭窄等。一定强度的光源还可使装饰材料的质感更为突出，如粗糙感、细腻感、反射感、光影感等，使空间的形态更为丰富。

总之，直接照明与半直接照明都属于直接照明

范畴，用于对采光强度要求较高的空间，灯具造型相对简单。间接照明、半间接照明和漫射照明都属于间接照明，适用于采光要求多样、丰富的空间。在照明设计中，直接照明约占30%，间接照明约占70%。目前，更多的环境空间会采用间接照明或以间接照明为主导的照明形式。

4.2　直接照明与间接照明设计

要取得优越的视觉效果，必须对直接照明和间接照明进行深入了解，要对经济性、光效性、设计性、后期发展性等方面进行全面了解，为深层次照明设计打下基础。

4.2.1　直接照明的照度感

在合适的空间使用直接照明，能创造出更具魅力的照明环境。直接照明相对于间接照明而言照明方式

比较简单，一般使用的灯具是射灯、筒灯等直接型照明灯具。直接照明一般不会单独使用，而且不是每一个空间都适合使用直接照明（图4-17至图4-25）。

4.2.2　间接照明的视觉感

间接照明是将直射光转变成温和的扩散光的一种光衰减的照明方式。选择好的灯具和反射材料，可营造更好的视觉效果（图4-26、图4-27）。

图4-17　控制好光线照射方向

图4-18　注意灯具安装高度

图4-19　经济性的直接照明

图4-20　射灯作为展览馆直接照明灯具

图4-21　主次分明的直接照明

图4-22　直接照明不适用于小空间

图4-23　餐区直接照明

图4-24　咖啡店菜单处不使用直接照明

图4-17：由于光在同种均匀介质中是沿直线传播的，因此直接照明使用不当会造成眩光，会对人眼产生影响，同时光线遇到物体还会产生阴影，在使用直接照明时要控制好光线的照射方向。

图4-18：设计时可以通过控制灯具的安装高度来对最终的照明效果进行调整。使用悬挂式吊灯作为直接照明的灯具时要注意安装的高度不宜过低，以免产生重影。

图4-19：直接照明的光能利用效率较高，设计时要注意避免眩光的产生。可在空间中巧妙运用直接照明与间接照明，使空间受光均匀，创造一种柔和的视觉感受。

图4-20：用射灯作为直接照明的灯具时要注意调整好射灯的亮度以及照射方向，不要将光线直接照射到参观者的面部，以免引起视觉不适。

图4-21：使用直接照明时可以选择和其他照明方式相结合，这样不仅可以很好地平衡光线，同时也不会导致某块区域亮度过高而产生眩光问题。

图4-22：对于空间面积比较小的区域，使用直接照明可能会产生阴影，从而造成不好的视觉效果，不仅不能达到照明目的，而且对人眼也有伤害。

图4-23：在用餐区域，良好的直接照明可以增强食物的美感，既可以营造合适的用餐氛围，又能增强食欲。

图4-24：咖啡店的菜单处一般不使用直接照明，因为亮度过高可能会导致消费者看不清楚菜单上的文字。

图4-25 饰品店直接照明

图4-25：饰品店内展示区为直线形，射灯所带来的直接照明在展柜上形成小面积阴影，能有效增强饰品的立体感和质感。

图4-26 框式空间内运用间接照明

图4-26：在框式空间内，使用了非对称间接照明，从而创造出层层递进的感觉，逐步引人入胜，灯光比较简洁，能够体现出极简的风格。

图4-27 住宅空间内运用综合照明

图4-27：住宅空间内选用了合适亮度的直接照明与营造氛围的间接照明，混合的照明形式不仅能有效地提高灯光利用率，同时光线也不至于太刺眼。此外，外部自然光通过门窗贴膜后分散，也能形成比较柔和的间接照明。

1. 遮光线

要使间接照明达到更好的效果就必须意识到遮光线的存在。间接照明对光线有较高的要求，直接裸露光源是不正确的，同时为了遮光而使受光面上出现令人不适的遮光线也是不正确的。为了得到理想的照明效果，要考虑好光源的位置，要意识到遮光线的存在，考虑好光源与遮光板之间的相对位置，并考虑照明细部构造的剖面形态（图4-28）。

2. 受光面

要使间接照明达到柔和、自然、感染力最大的效果，必须要注意间隙、遮光线、质感三大要素。在设计时要注意光源与顶棚之间的距离，以及光源与墙体之间的距离（图4-29至图4-33）。

遮光线

图4-28：酒店客房照明经过遮光线处理后，光线直接照射量被有效地减弱，整体照明环境也趋向一个比较柔和的状态，不会让人感觉不舒服。

图4-28 酒店客房照明

图4-29 受光面与间隙

图4-29：光的扩散效果与间隙有着重要的联系，当间隙不够时，光就容易受到影响，从而形成强烈的明暗对比，看上去不够自然，导致光线没有得到扩散，可以通过调整间隙大小来产生渐变的光效。

图4-30 注重受光面条件

图4-30：选择无光泽的粗糙面作为装修面，才能达到理想的间接照明效果。受光面的照明效果主要取决于质感与反射，反射能使知觉加倍。

图4-31 光源与受光面之间的关系

图4-31：光源距离受光面越远，光的扩散范围就越大，越能得到理想的均匀光照。

图4-32 粗糙的受光面

图4-32：家具与装修构造表面的粗糙感能给人带来柔和的光感。

设计间接照明需要注意统一空间，并要注意避免产生眩光，在使用间接照明时还要注意节能，并提高光能的利用率（图4-34至图4-37）。

间接照明是一种新颖的照明方式，它可以通过提升照明设计中的视觉元素，使室内环境显现出各种气氛和情调，并与室内环境的形、色融为一体，达到神奇的艺术效果。但间接照明在创造宜人的光环境的同时，也会造成能源浪费，由于间接照明是采用反射光线达到照明效果，消耗的光能较大，并且要与其他照明方式相结合才能达到照明要求，因此间接照明适宜用于特定的环境空间（图4-38至图4-41）。

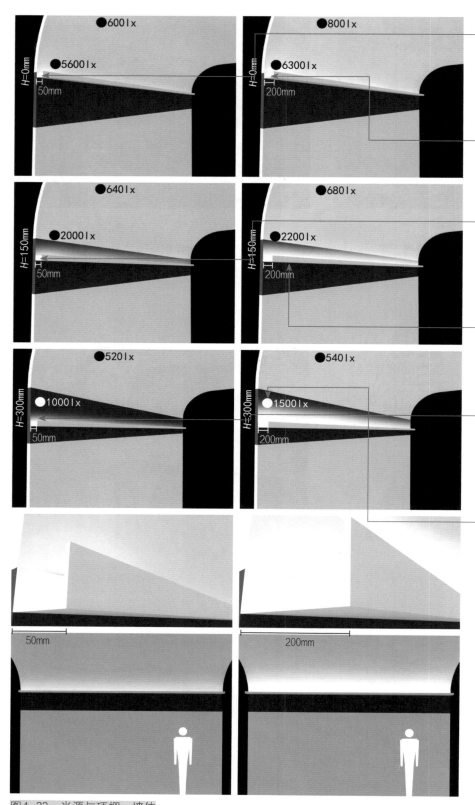

图4-33 光源与顶棚、墙体

当光源与圆弧形顶棚边缘的间隙为0mm，与墙体的间隙为50mm时，墙面反射的照度为5600lx，顶棚则为600lx。

光源与墙体的间隙为200mm时，墙面反射的照度为6300lx，顶棚则为800lx。

当光源与圆弧形顶棚边缘的间隙为150mm，与墙体的间隙为50mm时，墙面反射的照度为2000lx，顶棚则为640lx。

光源与墙体的间隙为200mm时，墙面反射的照度为2200lx，顶棚则为680lx。

当光源与圆弧形顶棚边缘的间隙为300mm，与墙体的间隙为50mm时，墙面反射的照度为1000lx，顶棚则为520lx。

光源与墙体的间隙为200mm时，墙面反射的照度为1500lx，顶棚则为540lx。

当光源与墙体的间隙在50mm时，反射的光线会很集中，会给人带来不好的视觉感受，因此一般在运用间接照明时不建议如此设计。

在采用圆弧形天花发光灯槽照明时，要考虑到光源与墙体之间的距离，光源和墙体的间隙应在200mm以上。

图4-34　间接照明要注意空间统一

图4-35　间接照明要注意避免产生眩光

图4-36　间接照明要注意节能

图4-37　间接照明要能提高光能的利用率

图4-38　间接照明灯具

图4-39　间接照明照射材料

图4-40　间接照明用于墙角

图4-41　间接照明用于KTV

图4-34：采用间接照明时要和其他照明方式相混合，色光跳跃不宜过大，要注意整体照明的统一性。

图4-35：同一空间内的光线柔和度要一致，色光应该处于一个比较平衡的状态，以免失重，造成重影。

图4-36：光源采用光效高、光色好、寿命长、安全和性能稳定的电光源，灯具电器附件要功耗小、噪声低，对环境和人无污染影响。

图4-37：使用间接照明时要注意，在制作上，光源需排列有序，合理的间距才能保证均匀的亮度，这样也能避免浪费能源。

图4-38：间接照明要采用光能利用率高、耐久性好、安全美观的灯具，配电器材和节能调光控制设备要传输率高、使用寿命长、电能损耗低并且安全可靠。

图4-39：使用间接照明来为空间提供照度时，照射材料建议采用可较好地产生漫射效果的高反射率材料，能使光线最大限度地照亮空间。

图4-40：间接照明可用于墙角处的照明，通过墙面的反射可以将光线传向四方，既能为室内装饰画提供补充照明，也能为其增添神秘感。

图4-41：间接照明可用于KTV的照明，KTV内的彩灯光线经过墙面和地面反射后，光线整体空间色彩变得比较艳丽，能更好地营造出愉快的氛围。

4.3 艺术照明

艺术照明将照明艺术化，用艺术的手段将照明环境丰富化，通过将科技与灯光相结合来营造出一种光彩绚丽的照明景象。如今艺术照明已经被广泛运用到各种领域，如咖啡店照明、橱窗展柜照明等（图4-42、图4-43）。

艺术照明需要将照明方式与特定环境密切结合并融为一体，以便设计出适合各种空间的艺术处理形式。艺术照明要充分理解空间的性质和特点，以营造契合空间性格的艺术空间。艺术照明可以分为一般照明、任务照明和重点照明。

4.3.1 一般照明

一般照明是指向某一特定区域提供整体照明，也就是环境照明。一般照明是照明设计中最基础的一种方式，它提供舒适的亮度，以确保人行走的安全性，保障人对物体的识别。可以采用花灯、壁灯、嵌入式灯具、轨道灯具，甚至可以采用户外灯具（图4-44、图4-45）。

图4-42　仿生形艺术照明灯具

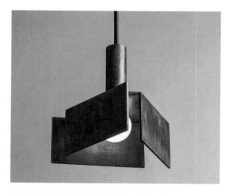

图4-43　几何形艺术照明灯具

图4-42：通过艺术性的照明灯具能很好地达到艺术照明的效果，此处灯具采用了LED灯，并将其组合成树木枝丫的形状，既具有艺术气息，同时也具备一定的环保性。

图4-43：在选择具有艺术性的照明灯具时，还要考虑到灯具的多功能性与实用性，灯具的灯罩可以旋转开，可以很好地进行光的方向调节，提供不同方位的照明。

图4-44　办公室走道照明

图4-45　办公室洽谈区照明

图4-44：办公室一般照明可选用嵌入式筒灯和发光灯带，既能有效控制照明功率，也可为基础的行走、交流提供明亮的照明环境。

图4-45：扣板格栅灯方便更换，办公室可选用扣板灯作为一般照明灯具，每间隔一个方格设置一个，使整体光照更加均匀。

图4-46　任务照明灯具的选用

图4-46：任务照明要特别注意避免产生眩光和阴影，要注意灯具亮度的控制，在达到任务所需亮度的同时，要避免灯具亮度太过耀眼导致产生视觉疲劳。

图4-47　任务照明光源的选择

图4-47：任务照明能重点表现被照射体，多用于商业橱窗，甜品类的食品橱窗可选择暖色光源，珠宝类橱窗可选择冷色光源。

图4-48　桌面任务照明灯具

图4-48：桌面要使用任务照明只需要从近距离照射桌面即可，因而即使是光源的发光强度不强，也能得到充分的照度。灯具可选择具备一定艺术造型的灯，光照合适且比较节能。

4.3.2　任务照明

任务照明主要用来完成特定任务，如在书房的书桌上阅读、在洗衣间洗衣、在厨房里烹饪、在客厅看电视等。可以采用嵌入式灯具、轨道灯具、吸顶式灯具、移动式灯具等（图4-46至图4-48）。

4.3.3　重点照明

重点照明是指对某一物体进行聚光照明，这种方式能凸显明暗对比，给空间增加戏剧化效果。重点照明主要用来对绘画、照片、雕塑和其他装饰品进行照明，强调墙面或装饰面的肌理效果。

重点照明可以采用轨道灯具、嵌入式灯具或壁灯，重点照明的中心点所需要的照度应为该区域周边环境照度的三倍。重点照明要注意与周边整体照明环境相协调，即使有明暗对比，也要控制好对比度，以免造成视觉不适（图4-49、图4-50）。

4.3.4　洗墙照明

洗墙照明是让照明灯光像水一样洗过墙面，主要用于面域光效美化，如商业大楼、酒店会所、桥梁码头等，可以用来烘托室内外装饰墙体。墙面照明有三种形式：洗墙、擦墙、内透（图4-51）。

图4-49　厨房重点照明

图4-50　轨道射灯作为重点照明灯具

图4-49：厨房照明可选用内嵌式筒灯或灯管为厨房工作台面提供重点照明，能帮助使用者更安全、更便捷地从事厨房操作。

图4-50：轨道式射灯可以为摄影作品提供重点照明，发光强度适中，可以重点突出摄影作品的主题以及内容，光线可以调节，为游览者浏览和赏析提供足够的照明。

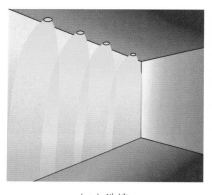
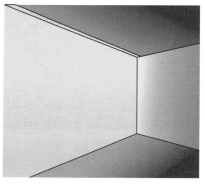
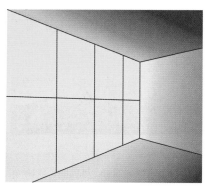

（a）洗墙　　　　　　　　　　（b）擦墙　　　　　　　　　　（c）内透

图4-51　洗墙照明示意图

图4-51（a）：是用光如水般把目标对象的墙面洗干净。墙面照得很均匀，适合较为光滑的墙面材料，或是墙面有装饰物，需要均匀照亮，而不希望有强烈的阴影效果。洗墙照明灯具的安装位置离墙距离稍远。

图4-51（b）：擦墙的照明方式更强调受光面材质本身的质感。利用平面本身的凹凸纹理制造出独特的光影效果，产生丰富的戏剧性。擦墙照明灯具的安装位置离墙距离很近。擦墙照明所用的光束角一般较窄，常用密集安装的下照射灯，或是线形灯具。

图4-51（c）：内透照明内部使用灯管或灯带，在表面蒙一层透光膜。也可以直接采用LED显示屏取代灯光。

用于洗墙照明的灯具称为洗墙灯，通过二次配光调整LED光源的双向发光角度，设计投射距离与聚光均匀度，照明功能着重于表现从线到面立体化地展现墙面外观效果，从出光效果上来看属于面状光（图4-52至图4-56）。

LED屏幕最初用于传递重要的图文信息，如今LED屏幕成本不断下降，也用于洗墙照明，这种内透式照明不仅能表现出灯光照明效果，更能呈现动态画面，甚至随时变换图文信息，适用于商业空间（图4-57）。

图4-52　专业洗墙灯

图4-53　桥梁洗墙照明

图4-52：洗墙灯是在条形LED灯的基础上提高照明功率的灯具，用于室外洗墙照明的灯具多为暖色，能在夜间形成醒目的光照效果。

图4-53：桥梁建筑洗墙照明的目的在于提示桥梁的存在，保障通行安全，同时能提升城市形象。室外建筑的洗墙照明多为独立的点光源灯具，多个独立光源组合后形成洗墙照明效果。

图4-54 吊顶灯槽整体洗墙照明

图4-54：灯带安装在吊顶内，由于室内空间有限，吊顶灯槽不能设计过宽，否则容易形成眩光，因此吊顶灯槽整体洗墙发光强度很弱。

图4-55 局部灯槽洗墙照明

图4-55：灯带安装在墙体构造中，对局部内凹墙面照明，形成较强的局部灯槽洗墙照明效果。

图4-56 展示洗墙照明

图4-56：博物馆中的空间较大，可以采用多角度射灯组合对展示墙面进行照明，洗墙照明效果较好。

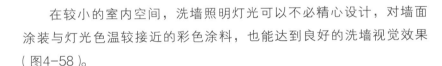

（a）LED屏幕立柱　　　（b）LED屏幕细节

图4-57 LED屏幕洗墙照明

图4-57（a）：LED屏幕由多块LED集成电路板拼接而成，可以塑造出一定弧度造型，适用于圆弧墙面或圆形立柱。

图4-57（b）：LED屏幕由多个LED发光二极管组合，每个二极管为画面中的一个像素，组合后形成完整的图文信息与形象。

　　在较小的室内空间，洗墙照明灯光可以不必精心设计，对墙面涂装与灯光色温较接近的彩色涂料，也能达到良好的洗墙视觉效果（图4-58）。

（a）灯光布置　　　　　（b）彩色涂料墙面

图4-58 母婴室洗墙照明

图4-58（a）：母婴室顶面灯光布置简单，并没有刻意为洗墙照明而设计。

图4-58（b）：墙面涂刷橙黄色乳胶漆，与灯光色温接近，弱化了灯光集中效应，让整面墙都得到了完全照明，具有洗墙视觉效果。

本章小结

　　建筑空间千变万化，种类丰富，即使是同一空间，不同功能分区也需要不同的照明方式，所要求的最终照度值也会有所不同。设计思路既要来源于生活，又必须高于生活，最终的照明设计作品必须具备时代特色，同时还需具备个性与科学性，并能长久发展。

课后作业

　　1. 照明类型有哪些？简述其主要特点。

　　2. 间接照明的视觉感如何体现？

　　3. 在居家空间中，不同功能的空间艺术照明有什么不同？

　　4. 了解艺术照明的定义和特点，思考城市夜景采用了哪些照明手法。

　　5. 在身边的住宅和商业空间中各找出一个间接照明优秀和不合格的案例，拍照，并进行文字分析，对不合格案例给出解决方案。

　　6. 搜集、选择多种空间的照明图片，在课堂上和同学交流。作业数量：将收集的资料和设计方案汇总到PPT中，上课进行展示分享。建议完成课时：6课时。

思政训练

　　1. 查阅有关天安门广场的夜晚照明素材，思考其是如何利用灯光达到良好的视觉效果的。

　　2. 中华文化源远流长、博大精深，思考艺术照明如何结合中国传统文化进行构思和设计。

第5章
住宅照明设计

识读难度：★★☆☆☆
重点概念：功能区、漫反射、
　　　　　灯具、光源

◀ 章节导读

　　家是温暖的港湾，照明能营造出舒适的室内环境，住宅照明强调柔和的光效，注入节能环保理念，灯具设计与装修构造紧密结合。现代住宅空间照明要求既要实用，同时还需具备装饰作用（图5-1）。

图5-1：住宅客厅中除了主灯照明外，还需要搭配其他辅助灯具照明，让较大的空间显得充实饱满，如台灯或落地灯能弥补角落的照明不足。

图5-1　客厅照明

5.1　住宅功能区照明设计

5.1.1　玄关照明

　　玄关是入户的第一个功能分区，区域内放有鞋柜，面积较大的玄关还会放置鱼缸。玄关照明设计要考虑灯具安装的位置与灯具发光强度。玄关照明设计追求的是进入住宅室内的第一印象，故而多采用漫射照明或全局照明，结合重点照明，突出玄关重点（图5-2至图5-4）。

　　由于大部分玄关是没有窗户的，因而照明仅仅借助于人工灯光，在设计时要精选灯具的色温，且需充分考虑照明的功能性。

图5-2 玄关灯具选择

图5-2：玄关照明要求明亮不刺眼，灯具可以考虑安置在入户处和深入室内的交界处，这样可有效避免在人脸部出现阴影。此外，还可将灯具安置在玄关内的鞋柜上或墙上，这样能使玄关更显宽阔。

图5-3 玄关漫反射照明

图5-3：玄关采用漫反射照明时可将灯具安装在墙面上，用以照射局部墙面或是某个装饰物件，如花瓶；还可选择造型美观的吊灯，利用灯具对光进行漫反射，以此达到照亮并装饰室内空间的目的。

图5-4 玄关照明要考虑功能性

图5-4：在玄关处安装人体感应灯具，便于日常使用。选择筒灯或轨道射灯来加强收纳或艺术品展示区的局部照明，形成焦点聚射，达到引人注目的视觉效果。

图5-5 客厅组合式照明

图5-6 客厅植物照明

图5-5：将各种灯光配合使用可以满足各种室内活动需求。客厅的照明可充分利用间接光源制造柔和的光线，应当结合室内结构，善用落地灯与射灯等进行局部照明，为客厅营造更具魅力的光影层次。

图5-6：对于客厅中的植物，除了可以采用顶面照明外，还可以采用背光照明，能产生戏剧化的剪影照明效果，同时应注意不要产生眩光。

5.1.2 客厅照明

客厅是人流量较多的功能区，不同的活动又有不同的照明要求。交流与洽谈活动可以选择一般照明，阅读和工作则可以选择任务照明，展示艺术品可以选择重点照明来突出艺术品的风格特色（图5-5、图5-6）。

不同大小的客厅所需的照度也不一样，一般客厅都具备采光通道，除了白天自然采光外，夜晚主要依靠灯光来营造客厅的照明，主要选择色温在

3000～4500K的灯具，既能保持客厅的清爽和通透，也不会造成眩光（图5-7、图5-8）。

5.1.3 餐厅照明

在进行餐厅照明设计时需要注意艺术性和功能性统一，应该将一般照明、任务照明、重点照明相结合满足就餐需求。灯光的组合方式也需要根据功能进行适当调整，如正餐、聚会、家务活动等，需要一定的水平照度，往往吊灯是首选。

图5-7 客厅照明要具备设计感

图5-8 层高较高客厅的照明

图5-7：灯具可以带来不一样的视觉效果，在客厅中可以设置造型独特、灯光柔和的落地灯，这样的照明设计能使客厅显得更有现代感和设计感。

图5-8：空间较大且层高较高、设计有比较复杂的吊顶的客厅，除去一般照明灯具外，还可选择壁灯、台灯、射灯等对客厅边角进行辅助照明。

图5-9 光线柔和的餐厅照明

图5-10 餐厅照明亮度的选择

图5-11 餐厅灯具的选择

图5-9：餐厅选用带有玻璃灯罩的艺术吊灯，能为就餐环境提供足够的亮度，同时也提升了餐厅的美感，光线通过玻璃灯罩，会比较柔和。

图5-10：餐厅中的亮度不需要太高，由于活动是以用餐为主，照明更多考虑能给桌面食物提供视觉效果。

图5-11：餐厅特别讲究氛围，要能营造一种温暖、舒适的气氛。照明要能凸显食物魅力，增强食欲，同时所选的灯具要能与餐桌、餐具的色彩相协调。

　　吊灯安装在餐桌正上方，既能提供足够照度，又能作为装饰组件，提升整体装修的美感。墙壁灯具是餐厅照明的配角，可以采用壁灯来对墙面材质进行单独描绘，也可以沿墙安装嵌入筒灯对展品照明。餐厅照明应选用显色性较好、向下照射的灯具，以暖色调灯光为宜，切忌使用冷色调灯光，暖色调灯光能起到增进食欲的功效（图5-9至图5-11）。

- 补充要点 -

照明加深餐厅氛围

　　为了提升餐厅情调，多选择色温适中、能够展现食物的最佳色泽的暖光源，色温以3200K左右为主。此外餐厅照明还需避免灯具直射，多使用轨道灯或光线柔和的艺术吊灯，以免产生眩光。

5.1.4 卧室照明

卧室需要营造宁静休闲的氛围，同时需要局部明亮的灯光来满足阅读和其他活动的需求。卧室采用一般照明和重点照明相结合进行灯光布置（图5-12、图5-13）。

卧室可充分利用自然采光，并将其与人工采光相结合，要考虑到窗户的大小、位置、阳光直射方位等对采光的影响。卧室中的照明光线不宜太强，色温应当控制在3200～4000K，要调节好不同照明方式之间的关系。卧室的照明还宜考虑多种功能需求，灯光不宜过亮，所设计的光线必须能保护人的视觉神经，以暖光为主，太过强烈的光线不仅影响人的视力，同时也会使神经系统过于兴奋，导致失眠（图5-14、图5-15）。

5.1.5 书房照明

书房照明需要营造柔和的氛围感，要避免产生强烈的对比和干扰性眩光，同样还需要任务照明来满足阅读、书写，考虑给奖品和照片等有纪念意义的物品一些重点照明（图5-16）。

书桌配置可调节的台灯，给桌面和电脑键盘区域提供额外照明，灯光不能直接照射计算机屏幕，避免反射眩光和产生阴影。在放置台灯时应考虑左、右手操作习惯，即将灯具放置在书写手的另一侧，如右手书写，就应将灯光放置在人的左侧。书房的挂画及装饰物应有局部重点照明，灯具一般选用嵌入式可调方向的射灯或轨道射灯（图5-17、图5-18）。

图5-12 卧室内的重点照明

图5-13 局部照明和一般照明

图5-12：卧室两边设有台灯，台灯光线从灯罩的缝隙中投射出来，比较柔和，床头上方还设有内嵌式筒灯，为床头上方的装饰画提供了重点照明。

图5-13：此处卧室在床的两边设有艺术壁灯，吊顶处的灯带为卧室提供了一般照明，内嵌式的筒灯和立灯为卧室其他区域提供了局部照明。

图5-14 照明要避免眩光

图5-15 照明考虑安全性

图5-14：照明要避免眩光，应当在卧室多采用间接照明，可在家具中设置暗藏灯带，配合台灯，通过将光线反射的形式来获取所需的柔和灯光。

图5-15：空间宽敞的卧室可以在床头柜下方设置层板灯，以便能照射到地板附近的地面和墙壁，这样也能保证夜间起床行走的安全性。

图5-16　书房照明

图5-17　灯具要选择正确的安
装位置

图5-18　照明还需烘托书房气氛

图5-16：书房书桌与书架为一个整体，在书桌上方设置LED灯，既能为阅读和书写提供照明，又节省了空间。

图5-17：书房内的灯具应避免安装在座位后方，这种安装方式会使阴影加大，影响视觉效果，可以在顶棚安装均匀排列的一字形灯具或嵌灯，或安装造型简单的吸顶灯，这样既能保证基本照明，又能有效避免眩光。

图5-18：书房照明除了需要提供环境光全局照明外，还要设计能够烘托气氛的照明，可以选择设置小型立式台灯来增强书房的文学氛围。

5.1.6　厨房照明

厨房是住宅空间内的主要工作区域，照明设计主要考虑功能性，厨房的照度比其他区域要求高。在厨房单一使用顶面灯具会造成人影，可在局部加装工作照明作为补充。例如，可在洗涤处和案板上方的吊柜下，采用一套单独带有外罩的T5日光灯，这样能为厨房提供充足的工作照明（图5-19至图5-22）。

5.1.7　卫生间照明

卫生间是洗发、化妆、洗澡等活动的区域，因此需要柔和、无阴影的照明。在面积小的浴室里，可利用镜前灯通过镜面反射光来照亮整个空间。在面积大的浴室，可依靠顶面灯具来提供照明（图5-23、图5-24）。

图5-19　无窗厨房照明

图5-20　有窗厨房照明

图5-19：考虑到厨房油烟、水汽较重的特点，结合现在常用的铝扣板吊顶，采用嵌入式防雾筒灯或吸顶灯，能方便清洁并提高灯具使用寿命。

图5-20：厨房内的吸油烟机都会单独配备照明设备，因此在灶台处可不加装照明灯具，但在切菜区仍需设置重点照明灯具。

图5-21 厨房灯具选择

图5-22 厨房灯具应以白光为主

图5-21：厨房应选择易清洁的灯具，例如，由玻璃或铝制品制作的灯具，灯具光源应与餐厅光源的显色一致或近似。

图5-22：厨房内的大部分工作必须长时间集中精力，应当选择以白光为主的灯具，既能为厨房内工作提供充足的亮度，也能使厨房显得干净、明亮。

图5-23 卫生间镜前灯照明

图5-24 卫生间防雾灯具

图5-23：卫生间的镜前灯宜采用左右对称的灯光进行照明，这样能保证使用者面庞左右光线均匀。

图5-24：卫生间灯具要注意防潮，多采用带有灯罩的防雾灯具，光源应具有良好显色性，光源的色温要求为2800～3500K。

图5-25 大卫生间的照明

图5-26 照明满足化妆需要

图5-25：空间较大的卫生间可以选择多种灯光搭配，例如，可以选择壁灯和射灯相搭配，也可选择在镜框内或镜子下方设置光源，以达到烘托卫生间气氛的目的。

图5-26：卫生间内可能会有化妆活动，因此还需选择显色指数较高的灯具，如暖色系的LED壁灯等。

在布置镜前灯时，应当保持灯具的高度在视平线位置，以减少眼睫毛、鼻子和脸颊产生的阴影。在淋浴处和浴缸的上方采用取暖光源（浴霸），既能照明，又能取暖。照明灯具需具备一定的防水性和相当高的安全性（图5-25、图5-26）。

5.1.8　楼梯、走廊照明

楼梯多出现在复式住宅中，楼梯照明与走廊照明都需要具备比较高的亮度，而狭长的走廊和宽阔的走廊对照明的要求又会有所不同（图5-27至图5-30）。

图5-27　楼梯地脚灯

图5-28　楼梯壁灯

图5-29　走廊简洁照明

图5-30　走廊吊灯照明

图5-27：楼梯可以设置阶梯状灯光，可在台阶处设置地脚灯，这种灯光能增强空间的装饰效果，同时也能达到安全照明的目的。

图5-28：在楼梯墙面上安装上下照射式壁灯，能为楼梯与扶手提供良好的照明，选择节能性和安全性都较好的LED灯，比较经济、环保。

图5-29：住宅空间的走廊照明不可太过复杂，一般以吸顶灯、嵌灯或造型简单的吊灯为主。

图5-30：住宅空间的走廊照明在设计时要考虑到吊灯设置的高度和灯具的亮度，如高空间设置吊灯时要使照明下端距地面1900mm以上。

5.2　住宅照明案例解析

住宅照明案例十分丰富，下面列举一些具有创意的案例，分析住宅照明灯具搭配。

5.2.1　白色与光结合

白色的色彩倾向性变化丰富，能随照明与采光而变化，主灯可选用显色性较好的灯具，色温以4500～5500K为佳（图5-31、图5-32）。

照明器具：壁灯（11W/3500K）
灯具材质：玻璃＋金属
灯具价格：98元

照明器具：吸顶灯（30W/5000K）
灯具材质：亚克力*
灯具价格：180元

照明器具：台灯（9W/3500K）
灯具材质：原木＋亚克力
灯具价格：155元

图5-31　主次分明灯光营造舒适气氛

图5-32　桌面台灯增光添彩

图5-31：卧室主灯选用有一定深度的吸顶灯，既保证照明又可缓解空间过低带来的压抑感，床头旁的金属壁灯为晚间阅读提供合适的照度，裸露在外的灯泡赋予卧室一定设计感，空间氛围既能助眠，同时也不会显得过于单调。

图5-32：客厅的鹿角吊灯为基本照明，沙发桌面处台灯投射到墙面的反射光，为墙面装饰画提供了间接照明，台灯主光还能为沙发阅读提供足够的照度。

5.2.2　创意改变生活

选择一些造型具有创意的灯具能为空间增添设计感，营造出个性化生活空间（图5-33、图5-34）。

5.2.3　多样性与统一性

家具与室内空间格调可以统一，但是要在灯具上表现出多样性，打破空间的单调（图5-35至图5-37）。

---

*亚克力是一种热塑性塑料，具有高透明性、高韧性，它的化学名称是聚甲基丙烯酸甲酯，俗称有机玻璃，简称PMMA。

照明器具：吊灯-球泡灯（60W/4500K）
灯具材质：玻璃
灯具价格：420元

图5-33　玻璃主灯营造和谐的会客区

图5-33：全透明玻璃主灯的照射范围囊括四面八方，下射的光线经过光滑的烤漆玻璃长桌反射，使得整个会客区明亮而又舒适。

照明器具：吊灯（27W/3500K）
灯具材质：玻璃
灯具价格：110元

图5-34　葫芦造型吊灯营造趣味感

图5-34：葫芦造型全透明吊灯创意十足，两个吊灯对称分布于餐桌上空，为用餐提供照明的同时也能有效烘托气氛。

照明器具：内嵌式射灯
（10W/3800K）
灯具材质：铝
灯具价格：26元

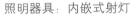

图5-35　自由光线氛围

图5-35：内嵌式射灯照射的光线比较自由，足够的照度十分适用于小型客厅，既能带来明亮感，也不会太过耀眼而使人不适。

照明器具：壁灯-LED　照明器具：萤火虫树枝吊灯
（9W/3500K）　　　（35W/3600K）
灯具材质：金属　　灯具材质：亚克力＋铁
灯具价格：65元　　灯具价格：450元

图5-36　艺术照明灯具

图5-36：萤火虫树枝吊灯为卧室的观赏度加分不少，床头背景墙的层板灯和金属壁灯横纵相对，实用又大方。

照明器具：吊灯
（33W/4000K）
灯具材质：亚克力＋铁
灯具价格：120元

图5-37：小餐厅所需的照度不是很高，悬挂型吊灯无疑是最佳的选择，吊灯的高度与餐桌之间间距恰当、得体，营造更加愉快的用餐环境。

图5-37　吊灯高度合适

5.2.4　照明组合设计

多种灯具组合，根据照明需求来设计位置，满足不同区域行为活动（图5-38、图5-39）。

照明器具：筒灯
（10W/4500K）
灯具材质：铝
灯具价格：28元

照明器具：吊灯
（30W/4000K）
灯具材质：铝
灯具价格：180元

照明器具：壁灯
（27W/4500K）
灯具材质：金属
灯具价格：80元

照明器具：T5灯管
（10W/5500K）
灯具材质：玻璃
灯具价格：25元/m

图5-38　多种灯具照明

图5-38：有序排列于白色顶棚的嵌灯，黑色的吊灯和金属壁灯，看似杂乱却又十分和谐地搭配在一起，越发显得空间宽阔、明亮。

图5-39　阅读组合照明

图5-39：暖色系的层板灯搭配散发着柔和光线的金属壁灯，阅读、工作轻松愉快，顶棚的嵌灯也为书架上的艺术陈设品提供了专属的照明。

5.2.5 照度表现艺术感

住宅室内空间的照度不宜过高，较柔和的照明能表现丰富的艺术感（图5-40、图5-41）。

照明器具：落地灯
（27W/4500K）
灯具材质：金属 + 布料
灯具价格：350元

照明器具：吊灯
（55W/3500K）
灯具材质：玻璃
灯具价格：540元

照明器具：筒灯
（10W/3500K）
灯具材质：铝
灯具价格：36元

图5-40 灯光凸显材质特色

图5-41 自然光与人工光的高效结合

图5-40：吊顶上的嵌灯射向墙体两侧，空间内的家具被灯光包围，棉麻沙发、皮质躺椅、木质茶几等，越发显得有质感。落地灯和艺术吊灯则为空间带来无限的美感和艺术感。

图5-41：书房拥有满墙的窗户，采光充足，不占据空间的嵌灯是照明首选，合适的间距使得嵌灯充分地发挥了自身的照明作用，窗外的自然光也为整个空间的照明提供了不少的助力。

5.2.6 射灯为空间增彩

射灯能形成丰富的聚光光斑，投射到墙面后能增添空间的装饰效果，形成新的装饰造型（图5-42、图5-43）。

5.2.7 合理布置光源

室内光源应当分配均衡，合理设计灯具之间的间距（图5-44至图5-46）。

5.2.8 根据面积选择照度

住宅室内空间的照度要与面积对应，预先经过计算后再设计灯具数量（图5-47至图5-49）。

照明器具：轨道射灯
（27W/4500K）
灯具材质：铝
灯具价格：275元

照明器具：筒灯
（10W/5000K）
灯具材质：铝
灯具价格：46元

照明器具：吊灯
（18W/4000K）
灯具材质：金属
灯具价格：135元

照明器具：T5灯管
（10W/4000K）
灯具材质：玻璃
灯具价格：25元/m

图5-42　明亮的客厅能给人美好的享受

图5-43　暖光带来更舒适的睡眠体验

图5-42：射灯带来自由的光线，嵌灯同时起到补充照明的作用，结合窗外洋洋洒洒的春光，更加能够凸显客厅的大气与亮堂，同时明亮的空间也能给予使用者舒适的感受。

图5-43：对于小卧室而言，灯光不需要太亮，无论是双人床右侧的立灯还是左侧的吊灯，抑或是床板上方的层板灯，均是以暖光源为主，舒适而自然。

照明器具：双联筒灯
（26W/3500K）
灯具材质：铝+玻璃
灯具价格：152元

照明器具：立灯
（55W/4000K）
灯具材质：铁
灯具价格：520元

照明器具：T5灯管
（10W/4000K）
灯具材质：玻璃
灯具价格：25元/m

照明器具：壁挂射灯
（15W/3800K）
灯具材质：铝
灯具价格：112元

图5-44　顶棚筒灯等距排列

图5-45　磨砂玻璃与灯具相互映衬

图5-46　阳台点光源

图5-44：顶棚每隔150～200mm设置对称的四个嵌灯，沙发旁曲线造型的立灯具备浓郁的设计感，在为客厅提供照明的同时也能增强整个客厅的观赏性。

图5-45：卫生间外部顶棚的层板灯采用下照模式，配合走廊上方顶棚的嵌灯，既能提供明亮的照明，为夜间行走提供安全保障，同时柔和的灯光，可缓解视觉压力，是更适合狭长走廊的照明方式。

图5-46：纯灰色墙面，黑色插座面板，配上白色的射灯，黑、白、灰的经典搭配使得阳台工作间更具特色，同时呈现三足鼎立之势的射灯为阳台工作提供各个方向充分的照明。

照明器具：筒灯
（10W/4000K）
灯具材质：铝
灯具价格：26元

照明器具：台灯
（27W/3500K）
灯具材质：玻璃＋布料
灯具价格：156元

图5-47　点光源分布均匀

图5-47：分布均匀的嵌灯犹如棋盘上的棋子，在宏观上给予空间明亮的照度，而在微观上又会有所改变，嵌灯四射的光线相互交融，照射在墙面上、地面上，经过玻璃、金属等反射材质，使光线得到升华，从而创造出更适合使用者的照明环境。

照明器具：台灯
（27W/3500K）
灯具材质：玻璃＋布料
灯具价格：156元

照明器具：明装筒灯
（18W/3500K）
灯具材质：铝
灯具价格：26元

照明器具：T5灯管
（10W/3500K）
灯具材质：玻璃
灯具价格：25元/m

图5-48　大卧室总会选择更多的光源

图5-49　小空间的灯光要避免眩光

图5-48：面积较大的卧室为了保证活动的进行，通常会选择组合光源，卧室内有三盏上下照射的台灯，不会轻易产生眩光，适合夜间使用，同时顶部还设置有嵌灯和层板灯，充分保证了照明。

图5-49：榻榻米式书房空高较低，面积较小，本身就不适合选择吊灯等悬挂式灯具，节能的LED层板灯可以成为其选择的对象，但必须控制好照度，否则极易产生眩光，影响使用者的视觉体验。

本章小结

　　住宅照明应当按功能分区进行设计，每个空间所需的照度是不同的，客厅自然采光好，灯光照明度可略低。室内照明色温大部分空间以暖色为主，卫生间、厨房以冷色为主，暖色为辅。照明还需结合居住者的个性需求，有效凸显照明设计氛围。

课后作业

1. 针对餐厅照明，灯光光源的选择要注意哪些方面？

2. 照明设计时灯具与热源之间的安全距离是多少？

3. 在住宅照明中，主要使用的灯具有哪些？简略说明每种灯具的特征和用途。

4. 简略说明住宅照明设计的原则。

5. 绘制住宅空间的照明光影，用白色彩铅及水粉颜料表现光线的渲染效果。

6. 选择任意一处住宅功能区，对此进行照明设计，进行效果渲染。作业数量：2件（210mm×297mm），装裱在约400mm×400mm的黑色/白色纸板（或KT板）上。建议完成课时：5课时。

思政训练

1. 查阅遵义会议的相关内容，了解遵义会议对于我党的历史性意义，并选择遵义会议中某一住宅空间进行模型还原并进行照明设计。

2. 实地考察当地现代名人故居，观察其室内照明灯具设计，并进行分析。

第6章
文化照明设计

识读难度：★★★☆☆
重点概念：工作区、展示、色温、照度、信息传达

◁ **章节导读**

　　文化空间主要包括办公室、博物馆、书店等空间，其照明设计要以人为本，以物为本，照明要保护人的视觉神经，灯光不可太过刺眼，区域内的灯光还要能满足展陈物品的需要。办公室多为白天使用，以自然采光为主，博物馆照明更多会采用人工照明，书店照明可将两者相结合。充分了解区域内部空间结构，结合照明对象选择恰当的照明方式（图6-1）。

图6-1：图书展示主要在于展示封面与体积感，通常以集中性灯光照明为主，能重点照明图书表面形态，形成棱角分明的体积感。每个局部空间都要有照明指向。

图6-1　书店展示照明

6.1　办公照明

6.1.1　分区重点照明

　　办公空间要为职员提供简洁、明亮的工作环境，满足职员办公、交流、思考、会议等工作需求。办公照明可选择一般照明与重点照明相结合的方式，注意不可将灯具布置于工作位置的正前方，以免产生阴影和眩光，影响工作。具体功能分区的照明设计细节可见表6-1。

表6-1 功能分区照明设计

办公空间	图例	功能	照明设计细节
前台		迎宾，凸显企业魅力与文化内涵	结合企业文化和定位进行设计，配备较高的亮度，选择筒灯作为基础照明，利用翻转式射灯或轨道射灯对前台形象墙与企业LOGO重点照明，突出企业形象
集体办公区域	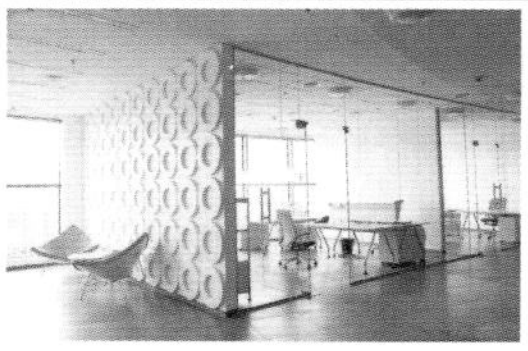	日常办公、沟通、会议	统一间距布灯，结合地面功能区选择灯具进行重点照明；工作台照明可采用格栅灯盘，使工作空间能获取均匀的光线；集体办公区通道采用筒灯作为补充照明
单间办公室		部门经理日常工作、会客、小型会议	照明应注重功能性，选择防眩光的筒灯或漫射格栅灯，结合空间装饰来增加室内氛围的营造；采用合适亮度的射灯来加强墙面的立体照明，营造舒适的办公环境
接待室		洽谈	照明要营造舒适、轻松、友好的气氛，选择显色性较好的筒灯，以柔和的亮度为宜，同时要注意对企业文化墙做重点照明
会议室		培训、会议、谈判、会客、视频展示等	根据不同功能需要进行灵活改变，要能看清与会者的面部表情，避免不合适的阴影和明暗对比。利用射灯进行洗墙照明；使用壁灯或射灯进行间接照明
工位区		记录书写、工作交流、小型会议等	照明选择统一间距分布的条形灯，照度合适，还可额外增设台灯
通道		通行	结合顶棚的高度、结构，选择隐藏式灯具照明或节能筒灯照明

目前大部分办公照明设计倡导自然采光为主，人工照明为辅的照明方式，这种照明方式不仅可以有效节约照明成本，同时也有利于创造绿色、节能、舒适的办公环境（图6-2至图6-5）。

图6-2：办公空间的照明要考虑全面，设计时要考虑所选光源的色温以及显色性，办公空间的整体亮度还需均衡，这样才能创造出舒适且安全的办公环境。

图6-3：良好的光环境得益于足够的照度、分布均匀的光线以及合适的灯具和照明方式，如多媒体会议室可使用可调光的半间接照明灯具，以便能实现不同的照明场景需求。

图6-2　照明要均衡

图6-3　合理选择照明方式

图6-4　办公区域LED灯具

图6-4：办公区域照明的灯具要具备安全性，购买时要确保其符合国家标准，且已通过3C认证，考虑灯具的节能性和环保性，选择寿命长且光能效率高的灯具。

图6-5　设计均匀的照明光线

图6-5：办公空间的照明要注意灯具的合理分配，以便能使照度更均匀，照度为500～1000lx即可。注意办公空间内最大、最小照度与平均照度之差应小于平均照度的25%。

－ 补充要点 －

视频会议室照明

　　为了减少灯光造成的面部阴影，会议桌可以选择浅色桌面或桌布，这样可以有效防止反光效应。同时会议室内还需单独设计背景墙，可选择米色或灰色，不使用大幅的装饰画，防止反光影响视频会议室内的摄像机镜头正确的感光。

6.1.2　避免眩光

　　眩光一般包括直接眩光和反射眩光，直接眩光是指裸露光源或自然光直射人眼，导致视觉不舒适和降低物体可见度的视觉条件；反射眩光则是指通过显示器、桌面、窗户玻璃等反射材料，不舒适光线间接反射到人眼引起的眩光。直接眩光可从光源的亮度、背景亮度以及灯具的安装位置等方面来进行避免；反射眩光则可选择发光面大、亮度低的灯具来有效避免（图6-6、图6-7）。

图6-6：合适的亮度比能有效减少眩光产生，可选择增加周边环境的亮度来调节空间亮度比，从而得到调和的光线。

图6-7：利用白色的格栅灯或亮度较低的灯具做间接照明，并辅以壁灯等补充照明，这样形成的亮度也会比较均衡。

图6-6　调整空间亮度比

图6-7　灯具的合理运用

6.1.3　墙面和顶棚照明

墙面和顶棚的合理照明能够营造一个更具创造性和舒适性的工作环境，在进行照明设计时要处理好墙面与顶棚灯光的明暗对比，顶棚与墙面的亮度比不宜过大，以免产生过多重叠阴影，影响职员工作（图6-8、图6-9）。

6.1.4　选择反射材料

照明光线经过办公空间内反射材料的反射，光线会被吸收一部分，而经过不同的反射材料，最终所呈现的照明效果也会不一样，亮色表面比暗色表面反射率要高。在进行照明设计时，要依据照明需求选择合适的反射材料（图6-10、图6-11）。

图6-8　墙面与顶棚的色彩要搭配

图6-9　顶棚照明

图6-8：不同色彩在灯光下呈现的视觉效果不同，要使墙面与顶棚的亮度差别不会太大，在设计时墙面色彩与顶棚色彩应属同一色系，也可在墙面安装射灯来给予墙面更多的光线。

图6-9：办公空间层高不同，所需顶棚照明灯具也不同，灯具安装高度也会有所变化。层高较高的空间，可安装亮度较高的吊灯，层高较低的空间适合吸顶灯或墙面射灯来为整个空间提供照明。

图6-10　办公顶棚材料的选择

图6-11　注意光线的分配

图6-10：办公区域选择白色且粗糙的顶棚材料，顶棚材料的光线反射率不得小于80%，能有效提高空间照明的均匀度并有效避免反射眩光。

图6-11：在反射材料统一的情况下，要获得更好的照明效果，需要设置多种光源来平衡照度，并以此为基础合理分配人工光与自然光的比例。

6.1.5　均匀的光照

均匀的光照是避免眩光的较好办法，要避免重叠阴影或明暗对比鲜明的图案，每一种灯具都需具备特殊的出光特性，并注意处理好重点照明与一般照明之间的关系（图6-12、图6-13）。

6.1.6　办公照明案例解析

1.　在灯光中重获工作激情

充沛的照明能提升工作激情，采用多种灯具混合照明，提高整体照度（图6-14、图6-15）。

2.　照明缓解视觉疲劳

工作台面灯具的显色性要求较高，可采用5000～5500K的白光或偏冷的白光，舒缓工作疲劳（图6-16、图6-17）。

图6-12：洗墙灯要注意控制好灯具的亮度、灯具与灯具之间的距离，以免灯具过近形成杂乱的光斑，而导致眩光。灯具价格：25元/m。

图6-13：选择发光均匀的面板灯来作为办公区域的主要照明，保证空间内能够拥有均匀的照度，且灯具与环境看起来也更加洁净、和谐。

图6-12　运用洗墙灯照明

图6-13　运用面板灯照明

照明器具：T5灯管（10W/4000K）

灯具材质：玻璃

灯具价格：25元/m

照明器具：吸顶灯-LED（100W/5000K）

灯具材质：铝

灯具价格：780元

照明器具：吊灯（45W/3500K）

灯具材质：亚克力

灯具价格：280元

照明器具：筒灯（12W/4000K）

灯具材质：铝

灯具价格：76元

图6-14　前台照明考虑全面

图6-14：前台造型设计为弧形，为了保证各角落均有光照，选择了弧度较大的椭圆形灯具，在格栅吊顶上还设计有内嵌型的筒灯，为大厅照明提供了足够的照度。

图6-15　暖光和煦的休息等候区

图6-15：办公空间的休息等候区照度在50lx以上即可，选用了带有灯罩的半圆形灯具，整体偏暖光，适宜休息，圆形灯具周边的筒灯为等候时的阅读提供了适宜的亮度。

照明器具：吊灯（36W/5500K）　　照明器具：T5灯管（10W/4000K）　　照明器具：吊灯（27W/4000K）
灯具材质：玻璃＋金属　　　　　　　灯具材质：玻璃　　　　　　　　　　灯具材质：金属
灯具价格：165元　　　　　　　　　　灯具价格：25元/m　　　　　　　　　灯具价格：112元

图6-16　照明灯具提高工作效率

图6-16：不同的照明灯具会带来不同的照明体验，工作区内均匀分布的筒灯为室内提供了一般照明，悬挂型吊灯为日常会议提供直接照明，内嵌式书柜旁的落地灯则提供补充照明。

图6-17　直接照明与间接照明融合

图6-17：沙发背景墙上设置有上照式的层板灯作为间接照明，圆桌之上又设置有黑色的艺术吊灯作休息交谈区的直接照明，这为休息区提供了柔和且舒适的灯光，对营造安静、闲适的氛围很有帮助。

6.2　博物馆照明

博物馆是征集、典藏、陈列和研究自然和人类文化遗产实物的场所，博物馆照明最重要的是展示展品特色，同时照明还需能够保护展品，并提高展品的观赏性。

6.2.1　展品照明艺术表现

1. 展品照明

博物馆照明首先要能保护展品，减少光线辐射对展品的影响，同时选择合适的照明方式，呈现展品的真实性。博物馆照明主要采用自然光和人工光相结合的方式，但要控制好自然光的照射量，避免过多的红外线和紫外线辐射，导致展品老化。博物馆中的展品，对于光源的发光强度、色温、显色性等都会有不同要求，要注意避免眩光，这样才能有效地彰显展品的文化魅力（图6-18至图6-26）。

根据展品存在形式的不同，可将展品分为平面展品和立面展品，这两类展品的照明方式有所不同。平面展品的尺寸较小，照明多采用单体轨道射灯；立面展品多为雕塑，一般会选择前后多角度照射，以便能凸显出其立体感和表面纹理。

博物馆内的展品照明需考虑到展品的光敏性，不同的展品拥有不同的光敏性，相应的照度要求自然也会有所不同（图6-27、图6-28、表6-2）。

图6-18　纸质类展品照明

图6-18：书画作品适合选用低色温的光源进行照明，油画适合选用高色温的光源进行照明，高色温光源能凸显出油画的色泽与画面的层次感。

图6-19　金银类展品照明

图6-19：由于金银类展品的光敏感度不高，因而可以选择较高的照度，可以适度保留反射眩光，为观众营造出金光闪闪的视觉效果。

图6-20　陶瓷类展品照明

图6-20：陶瓷类展品表面光滑，且多有釉面，光线于陶瓷展品表面反射，能提高整个空间亮度，选择色温为3500～4000K的冷光源来表现陶瓷展品的洁净与透亮。

图6-21　丝织类展品照明

图6-21：博物馆中的丝织类展品的光敏性比较高，且为了真实反映出丝织品的特色，需要选择显色指数较高的灯具，更好表现丝织品的色彩与质感。

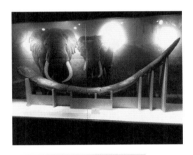

图6-22　工艺类展品照明

图6-22：工艺类展品如皮革、象牙等的光敏性比较低，照度要控制在600lx之内，照明要能表现出这类展品的材质与精巧的造型，并能增强观赏性。

图6-23　青铜器类展品照明

图6-23：青铜器类展品，照度值要小于400lx，由于青铜器展品的质地比较厚重，照明要能表现出青铜器表面的纹理与细节纹饰等，并能增强其艺术美感。

图6-24　平面展品照明

图6-24：平面展品照明要控制好灯光角度，一般应与竖直方向呈30°夹角，这样能避免反射眩光和过多的阴影。

图6-25　立面展品照明

图6-25：立面展品的照明要选择合适的主光和背光，可以适当降低亮度，获取合适的明暗对比，凸显立面展品的雕刻工艺。

图6-26　大型立面展品照明

图6-26：体积较大的立面展品在设计照明时应重点展现展品的形态特征，可以选择多种灯具从立面展品的两侧和上方进行照射，以使光线在展品表面形成明暗错落有致的视觉效果。

图6-27：用于展示照明的自然光线必须采用非直射光，这样能够减少光线的辐射，同时让展品形成立体的展示效果。

图6-28：光敏性较低的展品可以使用非直射的自然光照明，但要注意控制曝光量，而光敏性高的展品则严格要求不可使用未经处理的自然光线进行照明。

图6-27　用于展品照明的自然光

图6-28　展品照明

表6-2　　　　　　　　　　　　　博物馆展品的光敏性与照度值

光敏性	图例	展品类型	照度/lx
不敏感		金属、石材、陶瓷、玻璃等	≤300
较敏感		竹器、木器、藤器、漆器、骨器、天然皮革、油画、牛角制品以及动物标本等	≤150
特别敏感		纸质书画、壁画、纺织品、印刷品、橡胶彩画、染色皮革、彩陶、植物标本等	≤50

2. 展柜照明

博物馆展柜一般可分为独立柜、通柜、坡面柜、低平柜，其中使用概率较高的是独立柜。展柜由于尺寸大小不同，灯具的安装高度也会有所不同，一般多在展柜上方设置灯具。博物馆展柜的灯具由于距离展品较近，在设计照明时要控制好光源的光束角和强度，同时照度不宜太大。展柜的配灯可以选择能够自动调焦的射灯，能更好实现精准投光（图6-29、图6-30）。

3. 陈列区照明

博物馆陈列区照明应考虑到灯光的显色性、光源的色温、眩光的控制、室内氛围的营造。此外，陈列区照明还要注意灯光的明暗对比，展品与其背景亮度比不宜大于3：1，且陈列区入口处的灯光还应区别于其他区域，并能满足观者的视觉要求（图6-31、图6-32）。

6.2.2　展示照明设计技巧

博物馆是提供知识的文化场所，馆内要营造宁静、肃穆的氛围，照明既要为观众提供舒适的观赏环境，同时还要展现博物馆内展品的价值（图6-33至图6-35）。

图6-29 低平展柜照明

图6-30 独立展柜照明

图6-29：博物馆内低平展柜照明可直接选择在柜外照明，要控制好布灯位置，可在展柜正上方布灯，这样可避免产生大量反射光，可选择较小角度的轨道灯。

图6-30：独立展柜照明可选择柜外照明，也可选择柜内照明，要注意避免周边物品造成的二次反射眩光，一般多选择轨道射灯进行照明。

— 补充要点 —

展柜照明细节

博物馆展柜照明要注意做好散热处理，展柜内光源热量如果不能得到有效挥发，会影响展品的质量与最终观赏效果。此外，展柜应多采用内藏光，不应该让观赏者直接看到展柜中的光源，也不应该在展柜的玻璃面上产生反射眩光。

图6-31 陈列区照明显色性

图6-32 陈列区照明色温

图6-31：陈列区内照明显色性可参考展品对辨色的要求，辨色要求高的，显色指数Ra要大于90，辨色要求一般的，显色指数Ra也要大于80。

图6-32：为了更好地凸显展品的材质和色彩，陈列区的照明色温一般会小于3300K。

图6-33 博物馆照明

图6-34 博物馆灯具调整

图6-35 博物馆灯具投光方向

图6-33：博物馆照明要控制好明暗对比度，可适量采用重点照明，提供更好的视觉体验。

图6-34：博物馆照明要调整好灯具的安装位置与照射方向，要避免阴影重叠，否则会影响最终的观赏效果。

图6-35：博物馆内灯具的投光方向要与展品的光影明暗方向保持一致，这样可以避免形成重叠阴影。

博物馆照明应考虑到展板对光线的影响，一般多选择反射弱的材料制作展板，同时馆内还应保持均匀的照度，并从细节上避免眩光。博物馆照明要统筹全局，优质照明需结合馆体自身的建筑结构与馆内陈设设计，灯具的调试和选择对于营造博物馆照明环境十分重要（图6-36至图6-41）。

6.2.3　博物馆照明案例解析

博物馆照明主要集中在展品上，弱化走道灯光，利用间接照明与反射照明覆盖走道即可。展品照明多选用5000K左右的正白光灯具，避免发光强度过强或产生眩光（图6-42至图6-45）。

图6-36　博物馆内照度比

图6-36：博物馆内高度小于2.4m的平面展示区，最低照度与平均照度比值不应小于0.6；高度大于2.4m的平面展示区，最低照度与平均照度比值不应小于0.4。

图6-37　博物馆内反射比

图6-37：博物馆内墙面宜选择中性色和无光泽的饰面，材质反射比不大于0.5；地面宜选择无光泽的饰面，材质反射比不大于0.4；顶棚宜选择无光泽的饰面，材质反射比不大于0.7。

图6-38　眩光控制

图6-38：博物馆内要控制眩光，首先应考虑展柜玻璃板对灯光的反射，其次应考虑油画或表面有光泽的展品对灯光的反射，控制好这两种反射光，即可很好地避免眩光的产生。

图6-39　博物馆展品照明

图6-39：博物馆内的藏品照明照度多为100～150lx，考虑到展品的曝光时间限制，不能将展品长时间暴露在强光下。

图6-40　照度要与色温相匹配

图6-40：博物馆内的照明灯具要控制好遮光角范围，一般不小于30°，可选择隐光灯具，并配备相应的防眩配件。

图6-41　博物馆灯具遮光角范围

图6-41：博物馆内部分区域会选择侧照的方式，主要通过展品明暗对比来达到凸显展品纹理的目的，这种照明方式也能加强展品的线条感。

照明器具：筒灯（21W/5500K）
灯具材质：铝
灯具价格：42元

照明器具：软膜顶棚（65W/5500K）
灯具材质：聚氯乙烯膜
灯具价格：160元/m²

照明器具：轨道射灯（21W/4000K）
灯具材质：铝
灯具价格：78元

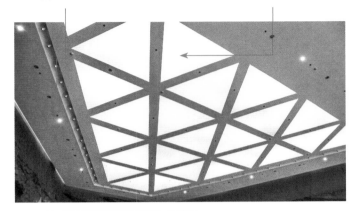

图6-42　组合式光源创造明亮空间

图6-42：全发光顶棚照明是展示空间比较常用的方式，搭配下照式筒灯，能保证整体空间的照度。

图6-43　具有年代感的展品选择低色温照明

图6-43：博物馆内大型机器设备要避免光学辐射，此处选用了光线比较柔和的LED灯，数量较少，为展品提供一般照明，营造出一种年代感，增强观众的参与感。

照明器具：微射灯（3W/4500K）
灯具材质：金属
灯具价格：16元

照明器具：筒灯（38W/5500K）
灯具材质：铝
灯具价格：42元

照明器具：筒灯（27W/4000K）
灯具材质：铝
灯具价格：78元

图6-44　不同的色温造就层次感

图6-44：在同一展示区展示两种展品，照明要分别设计。展品背景选用了垂直下照的方式，通过光线亮度的对比将展品凸显出来。

图6-45　利用反射材质获取更好的照明效果

图6-45：反射式照明主要通过具备漫反射特性的材质将光源隐藏，再使光线投射到反射面。这里充分利用了顶部独特的造型，搭配自然光和吊顶周边的射灯，将灯光通过三角玻璃板反射，营造舒适的照明环境。

6.3 书店照明

书店照明除了能为读者营造安静的阅读环境外，还能够让读者放松心情，并提供良好的购物环境。

6.3.1 统一照明

1. 展示区照明

书店内的展示区主要可以分为书架展示区、平铺展示区以及特色展示区，展示区内的照明多为一般照明与重点照明相结合，注意控制好灯具的间距，避免灯具升温过快。

平铺展示区多陈列当季畅销的书籍，部分书店会选择具有代表性的书籍进行平铺展示，一般多选择重点照明的方式以突出书籍特色，注意控制眩光以及照明与周边环境的协调（图6-46、图6-47）。

特色展示区主要用于展示书店内的可售卖商品，如明信片、小件雕塑、部分插画等，多选择集中式照明。为了渲染该区域的气氛，一般会选择具备装饰性的吊灯来提供照明（图6-48、图6-49）。

2. 通道照明

书店通道除提供基本的行走空间外，部分通道还会成为读者的阅读区，因此书店通道照明要具备较高的亮度，一般多选择内嵌式筒灯提供照明，注意控制好灯具的间距（图6-50至图6-52）。

图6-46　获取均匀的照度

图6-47　集中照明凸显书籍

图6-48　特色展示区照明

图6-49　特色展示区照明与材质

图6-46：平铺展示区照明会在展示中心处设置灯具，也可在展示区域上方设置分布均匀的筒灯或顶棚灯，以便获取更均匀的照度。

图6-47：重点照明可以突出被照物品，可以在平铺展示区设置视觉分辨率较高的照明，并选用光束集中的灯具。

图6-48：特色展示区会选择造型不一的展示架，为了获取均匀的亮度，避免眩光的产生，除去顶部的照明外，还可选择层板灯来提供任务照明。

图6-49：特色展示区的照明要考虑到展示对象的材质，例如，金属类摆件反射率比较高，要避免灯光直接照射。

图6-50 照明要注重安全性

图6-50：书店日常人流量较大，店内通道照明要注重安全性，要配备应急照明系统。由于书店通道一般空间高度较高，可选择射灯，直接照明书架任意高度。

图6-51 楼梯通道照明

图6-51：书店楼梯通道的照明主要可选择墙面壁灯或层板灯作为照明灯具，注意转角处的灯光夹角不宜过小，以免照度不足，导致踩空。

图6-52 台阶通道照明

图6-52：台阶通道可为书店提供自然分区，选择转角灯作为照明灯具，既能为行走和在此处阅读提供合适的照度，也不会与店内其他区域照明产生冲突。

3. 销售区照明

书店内的销售区主要分为消费区和结账区，消费区的照明要突出商品色泽、材质以及标价，结账区照明则要能激发书店职员的工作激情，并能营造一种轻松的氛围，促进交易的达成（图6-53至图6-55）。

4. 娱乐区照明

为了满足消费者更多需求，书店在提供基本的阅读功能区外，还提供有娱乐区，娱乐区内可以进行书法、拼图、绘画、泥塑、刺绣等文娱活动，这些区域多为一般照明（图6-56至图6-58）。

图6-53 销售区要具备好的显色性

图6-53：销售区要促成交易的达成，照明则需要选择显色性较好的光源，显色指数Ra不低于100，同时光源色温要控制在3000K以上，以便更好激发读者的购物欲。

图6-54 销售区要选择高饱和度光

图6-54：销售区照明既要能促进消费，也要能够保护读者的视觉神经，应当选择高饱和度光，这样不仅可以使商品材料显得柔和，同时也能增强书店的阅读氛围。

图6-55 销售区暖色调照明

图6-55：书店销售区不宜选择色温过低的光源，可选择暖色光源来提高职员的工作热情，暖光源也能营造温馨的室内气氛，激发读者的消费情绪。

图6-56 娱乐区照明

图6-56：书店娱乐区照明以一般照明为主，间接照明为辅，照明灯具多选择吊灯、壁灯等。

图6-57 体现设计感

图6-57：娱乐区要吸引读者入内，不仅区域内的陈设要具备创意和设计感，同时区域内的照明也要有所侧重，可以利用灯光在区域周边制造光影，营造更具趣味的娱乐区，注意避免阴影影响区域内的活动。

图6-58 缓解视觉压力

图6-58：娱乐区多为需要动手的活动，由于长期盯着同一个方向，很容易造成视觉疲劳，为了缓解这种现象，可以选择光线比较柔和的照明灯具，避免灯光直接照射人眼。

6.3.2 照明设计

1. 灯具选择

书店的灯具是店内陈设的一部分，造型和色彩要能与店内装饰风格相统一，必须明确灯具的安装高度与书店空高之间的平衡关系，不可安装过低或过高，一切应参考实际情况（图6-59至图6-61）。

2. 被照物材质的影响

书店照明中的被照物是书籍和待售商品，要考虑到被照物的材质，包括光滑度和透明度。越光滑的材质反光率越高，光源直接照射到反射率较高的被照面时，会产生眩光，这种眩光会严重影响阅读体验，空间的视觉美感也会大大降低（图6-62、图6-63）。

3. 阴影的利用

光与影是共同存在的，在书店的照明设计中，不可避免地会出现阴影，可巧妙地利用阴影使室内环境具有更多的创意（图6-64至图6-65）。

4. 亮度的控制

书店照明的亮度必须有所提高，但亮度过高又容易导致眩光的产生，因此要平衡亮度与书店内部环境之间的关系（图6-66至图6-69）。

图6-59 灯具安装高度

图6-59：灯具安装越高越利于避免眩光，且有利于光线的均匀扩散，但也需注意安装高度过高则易导致明显的光衰。

图6-60 书店灯具

图6-60：要为大面积书架提供柔和、平均的照度，一般选择宽光束灯具，这样也可避免阴影的重叠。

图6-61 照明环境的营造

图6-61：书店要营造舒适的照明环境，必须避免眩光，必须获取均匀的照度，且应尽可能隐藏灯具。

图6-62　被照物与显色性

图6-63　选择合适的照射方向

图6-62：光滑的被照物扩散的光线不均匀，容易造成刺眼的光芒，应尽量避免强光直接照明。

图6-63：光线经过不同材质的被照物时会产生折射，而折射后的光线处理不当则会导致眩光的产生，为了避免这种现象，书店照明应控制好光线照射方向。

图6-64　控制阴影

图6-65　阴影突出主题

图6-64：为了充分发挥阴影的作用，将阴影尽量控制在不影响读者购买、阅读的区域，如墙角、地面等。

图6-65：灯光照射处一般是公众视觉的中心，阴影与灯光形成的明暗对比能够更好地突出书店主题和照明主体。

图6-66　照明要考虑儿童的视力要求

图6-67　合适的亮度能促进消费

图6-66：儿童的视力比较脆弱，因此书店内的儿童阅读区照度要控制在300～500lx。

图6-67：灯光可以很好地促进消费，但过亮的灯光会使读者情绪焦躁，反而不利于消费，亮度过低的灯光则会使人情绪低迷，也不利于书店长久发展。

图6-68　亮度要均衡

图6-69　借助自然光获取合适的亮度

图6-68：为了增强读者的阅读兴趣，书店内各区域之间的亮度差不可过大，不可有差异较大的明暗对比区。

图6-69：书店内一般多有靠窗的阅读区，可以利用窗外的自然光线做阅读区白天的照明，同时搭配店内的人工照明，以灵活获取照明亮度。

5. 照明方式

书店照明主要采用一般照明、局部照明和重点照明三种照明方式。一般照明能够保证书店内的整体亮度，局部照明能为特定视觉的工作提供有效的照明，重点照明则能很好地突出书店主题，同时吸引消费者入店（图6-70至图6-72）。

6. 色温

色温会影响人的情绪，色温过高会加重人的焦躁感和烦闷感，而色温过低则很容易使人感觉到疲劳，因此在设计书店照明时一定要选择合适的色温（图6-73、图6-74）。

图6-70　一般照明

图6-70：一般照明要具备均匀的亮度，可以充分结合自然光线，这样既能减少眩光，也能获取更经济的照明。

图6-71　局部照明

图6-71：局部照明适用于特定的区域，主要在过道或楼梯转角处，但要注意控制好光源的色温，一般为3500K左右。

图6-72　重点照明

图6-72：书店重点照明主要用于书店LOGO、促销书籍摆架与装饰陈列区，这种照明方式能利用强烈明暗反差引起读者的关注，从而有效传递信息。

图6-73　书店台阶处色温

图6-74　书店内合适的色温

图6-73：书店内入口处照明色温为3500K左右，这样能营造一种舒适、轻松的环境。

图6-74：书店内的休息区由于用眼时间不长，因此选择色温较低的光源，而书店内的阅读区则因用眼时间较长，视觉神经极易疲劳，因此高色温的光源会更合适。

7. 色彩

书店内陈设色彩包括书店墙面、地面、顶棚、家具以及其他装饰品的色彩等，书店陈设的色彩多依据店内设计主题和设计风格而定，灯光要能与书店陈设的色彩相配（图6-75、图6-76）。

6.3.3　书店照明案例解析

现代书店的功能主要在于休闲阅读，灯光布置柔和，照明强度适中，满足短暂阅读需求，同时营造出宁静平和的环境氛围（图6-77至图6-80）。

图6-75：灯光要能与书店陈设的色彩相配，店内书籍与家具摆设要具备逻辑性，与灯光结合，给人一种空间得到延伸的视觉感。

图6-76：不同色彩的吸光性会有所不同，黑色吸光性最强，白色吸光性最弱，要依据室内色彩的不同选择合适的照度，以便能创造更适宜的照明环境。

图6-75　色彩与灯光的协调性

图6-76　色彩有不同的吸光性

照明器具：壁灯（36W/4000K）　　照明器具：T5灯管（10W/3000K）　　照明器具：吊灯（36W/4500K）

灯具材质：金属　　　　　　　　　　灯具材质：玻璃　　　　　　　　　　灯具材质：金属

灯具价格：178元　　　　　　　　　　灯具价格：25元/m　　　　　　　　　灯具价格：85元

图6-77　环绕式灯光

图6-77：轨道射灯和壁灯可以为环形书店提供各个角度不同的照射。轨道射灯是每隔一定的距离设置一组，光线比较均匀；壁灯可突出重点书籍，使空间层次感更丰富。

图6-78　展示区一般照明和重点照明

图6-78：展示区照明只需看清书籍的名称，以便阅读者选购，选用一般照明会更合适；特殊类别的书籍和艺术品则选用重点照明，以此来突出它们的重要性，同时也能吸引阅读者的目光。

照明器具：筒灯（12W/4000K）　　照明器具：轨道射灯（12W/5000K）　　照明器具：立灯（36W/4000K）　　照明器具：明装筒灯（27W/5000K）

灯具材质：铝　　　　　　　　　　　灯具材质：金属　　　　　　　　　　灯具材质：玻璃＋金属　　　　　　　灯具材质：金属

灯具价格：65元　　　　　　　　　　灯具价格：98元　　　　　　　　　　灯具价格：260元　　　　　　　　　　灯具价格：36元

图6-79　筒灯与射灯混合照明

图6-79：书店顶棚射灯呈梯形分布，顶部射灯为楼梯上的行走和阅读提供了合适的照明，同时一楼顶棚的筒灯也为小型书柜上的书籍做了直接照明，方便阅读者查阅图书。

图6-80　立灯和射灯为主次陈设分别照明

图6-80：书店内的照明需以展现书籍特色为主，同时也注重次要陈设品照明。这里的筒状立灯为书店提供一般照明，射灯拥有明亮的光线，可为重点书籍提供重点照明和直接照明。

本章小结

　　办公空间、博物馆、书店都属于静态文化空间，需要在照明设计中增添动态效应，采用多种照明方式提升人对空间的认知与兴趣，同时还要能传递知识与文脉。无论是灯具还是照明方式的选择，都必须充分结合建筑结构，照明设计应利用高能效的灯具，获取经济性和科技性的平衡。

课后作业

　　1. 在博物馆照明设计中，不同材质的展品在照明设计上有什么不同？请举例说明。

　　2. 在书店照明设计中，特殊展示区与普通展示区在照明设备上有什么不同？请举例说明。

　　3. 在办公照明设计中，简略叙述会议区与办公区在照明设计上的区别。

　　4. 简述书籍阅览室自然光照明和人工照明的运用特点。

　　5. 收集国内外优秀的书店、办公空间、博物馆的照明设计案例图片各10幅。

　　6. 自主设计500~550m²的书店，进行照明灯光设计。作业数量：1件（210mm×297mm），装裱在约400mm×400mm的黑色纸板（或KT板）上。建议完成课时：6课时。

思政训练

　　1. 借助网络等工具，线上参观中国国家博物馆，了解并简述其展品照明的艺术表现。

　　2. 实地考察当地特色书店或图书馆，观察展示区和非展示区的照明设计，进行实景拍照并总结。

第 7 章
商业照明设计

◁ 章节导读

　　商业空间照明注重视觉效果与营销理念，照明不仅要有照亮功能，还要能营造环境特色，表现装饰风格。商业空间注重气氛营造，或热烈、或奢华、或素雅，照明会搭配装修材质的特性，与软装修结合，营造具有创新性的照明环境。

图7-1：大多数咖啡馆的设计配色比较重，希望装饰材料能与咖啡固有色相融合，但是褐色材质的反射性较弱，给照明设计与氛围渲染都会带来困难，这时可以增加灯具数量，融合室外自然采光，调节色彩沉闷的视觉效果。

图7-1　咖啡馆照明

7.1　酒吧照明设计

　　酒吧是典型的娱乐消费场所，除了销售酒水外，还有现场乐队表演，调酒师和DJ师也会有精彩的个人秀，灯光照明设计要注重表现细节。

7.1.1　分区域照明

1．出入口照明

酒吧的入口同时也是出口，主要分隐藏式和非隐藏式。非隐藏式入口处的照明要能凸显酒吧主题，而隐藏式入口处的照明则要求照明比较柔和，但要与周边环境照明有所区别，以便消费者能正确找到酒吧入口位置（图7-2、图7-3）。

2．通道照明

酒吧通道主要分入口通道和酒吧内部通道，酒吧通道照明要具备高照度，要能保证消费者安全、顺畅行走（图7-4至图7-6）。

3．吧台照明

酒吧吧台的照明必须重视消费者的视线动向，要能使消费者印象深刻，可以在吧台使用间接照明，突出吧台后方的展示架和展示品，同时还可利用光影来营造私密的气氛（图7-7至图7-9）。

4．散座区照明

酒吧散座区的灯光要能够照亮消费者的表情，激发愉悦的情绪，同时还要结合酒吧的装饰主题，从每一个细节中凸显设计感（图7-10至图7-12）。

图7-2　隐藏式酒吧入口

图7-3　非隐藏式酒吧入口

图7-2：隐藏式酒吧入口多设计巧妙，如入口造型设计成书架、电话亭等形式，其照明既要具备基础的照度，同时还要突出入口，但又不可太过于明显，可采用小范围射灯进行局部照明。

图7-3：非隐藏式酒吧入口多采用灯箱点亮酒吧的LOGO，彩色灯箱能够凸显酒吧的设计主题与设计特色，同时也能吸引行人注意。

图7-4　酒吧入口通道

图7-4：酒吧入口通道狭长，照明首先要能满足基本行走需要，其次还需结合通道两侧墙界面与顶界面的贴面材质，设计出符合酒吧主题的照明，顶界面照明可采用筒灯。

图7-5　散座区之间的通道

图7-5：散座区通道要控制好距离，为消费者行走提供流畅的空间，可选用吊灯、射灯进行综合照明。

图7-6　表演区与吧台之间的通道

图7-6：表演区与吧台之间的通道可利用通道的铺装材料，来获取柔和的反射光源，同时表演区和吧台也可为其提供间接照明。

图7-7 带有民族特色的吧台照明

图7-7：民族风格吧台照明应当选用灯光柔和的灯具，以此来烘托酒吧低调且浓郁的民族氛围。

图7-8 吧台酒品照明

图7-8：灯光要能照亮酒品，同时还需为调酒师的表演提供任务照明。此处吧台下方设置了层板灯，吧台的上方设置了间距合适的吊灯，能够为吧台工作提供合适的照度。

图7-9 挑高吧台照明

图7-9：挑高吧台照明所需的亮度相对较高，为了能够完整地照射整个吧台，多选择悬挂型吊灯进行直接照明，并配合内嵌式筒灯进行重点照明。

图7-10 散座区照明

图7-10：散座区可选择亮度适宜的吊灯作为主照明，同时配合小亮度射灯对人脸照明。布置照明灯具时，注意控制好照明间距与安装高度。

图7-11 包厢式散座区照明

图7-11：包厢式的散座区要营造一种奢华、低调的感觉，可以选择在中心位置安装水晶吊灯或造型大气的铁艺吊灯，既能起到重点照明的作用，也能装饰散座区。

图7-12 靠近吧台的散座区照明

图7-12：靠近吧台的散座区为了制造更生动、活跃的照明效果，除设置固定的吊灯外，还可以设置可移动灯具，如落地灯、台灯等，以便应对各种照明需求。

－ 补充要点 －

酒吧灯具选择

酒吧照明设计的光源和灯具的选择范围很广，但要与室内环境风格协调统一。酒柜内置的橱柜灯是LED灯带，仅提供一般照明，一般仅为提高观赏性，不需要重点照明。

5. 表演区照明

酒吧表演区要能让观众看清舞台表演，可采用射灯或追光灯，营造出或浪漫、或温馨、或热情的氛围，以便能更好地带动观众情绪（图7-13、图7-14）。

7.1.2 酒吧照明案例解析

1. 照明情绪表现

情绪指一种设计氛围，酒吧空间的情绪通过局部照明与灯光色彩来表现，选择不同色温灯具对重点部位直接照明，形成明暗对比较强的视觉效果（图7-15、图7-16）。

图7-13 舞台表演区照明

图7-14 三角形表演区照明

图7-13：舞台表演区需设计效果灯，能引起观者共鸣，选择定向型光束灯具，使表演区具备立体美感。

图7-14：三角形表演区造型特殊，可选择轨道射灯来提供自由光照，同时配备舞台灯来渲染表演氛围。

照明器具：T5灯管
（10W/3500K）
灯具材质：玻璃
灯具价格：25元/m

照明器具：舞台灯
（220W/5000K）
灯具材质：铝
灯具价格：460元

照明器具：轨道射灯
（120W/5500K）
灯具材质：铝
灯具价格：280元

图7-15 利用光影营造吧台私密的氛围

图7-16 利用光线营造舞台氛围

图7-15：此处吧台的台面上方均匀设置了发光强度一致的射灯与吊灯，同时在背景墙上方还设置有层板灯，用来照亮背景墙，这些灯光与周边环境形成强烈的明暗对比，也加深了消费者印象。

图7-16：表演台的照明要能吸引观赏者的注意力，但灯光不可太亮，太过强烈的灯光不仅容易造成眩光，还会影响观赏效果。这里的表演台选用了轨道射灯，用来突出舞台的表演路线，但发光强度较低，能与周边较暗的大环境相协调。

2. 照明具有韵律感

照明的韵律感可以通过有秩序地排列灯具来实现，相同灯具之间并不是简单的复制，需要在照明角度、光线强弱等细节上富有规律地变化（图7-17、图7-18）。

照明器具：T3灯管（27W/4500K）　　照明器具：轨道射灯（27W/4500K）
灯具材质：玻璃　　灯具材质：铝
灯具价格：65元/m　　灯具价格：380元

照明器具：射灯（27W/3500K）
灯具材质：铝
灯具价格：85元

图7-17　大舞池可选用组合射灯来进行照明

图7-17：音乐酒吧舞池较大，顶棚上方同时设置有轨道射灯和长条形灯管，与声控设备相结合，呈现出带有螺旋状的光影效果，美妙绝伦。

图7-18　酒吧出口处的楼梯照明

图7-18：音乐酒吧出口处的楼梯照明以白光灯为主，楼梯通道在不同方位设置了轨道射灯和墙角灯，将楼梯拐角与踏步清楚呈现出来，一方面引导消费者前往收银台结款，另一方面也能为行走提供安全照明，同时灯光在墙面上形成的光影也极具节奏感。

7.2　咖啡馆照明设计

咖啡馆会选择开设在地理位置好、交通便利的区域，且咖啡馆的照明设计具有相当强的专业性，其照明设计的最终目的也是更好地为使用功能服务。

7.2.1　分点照明

1. 合理选择光亮度与色彩

咖啡馆的灯光要能够吸引消费者目光，引导其进店消费，同时要体现室内风格特色与咖啡特点。可以选择和周边环境呈对比色的灯光，以此激发顾客的好奇心，或采用柔和的暖光，营造浓郁的温馨感（图7-19、图7-20）。

为了更好地体现照明的作用，咖啡馆内的装修色调最好选择比较明朗的色系，如米色、黄色或原木色等，灯具造型也应符合馆内装饰风格，同时灯具的安装高度和间距要参考空间层高和咖啡馆整体面积（图7-21、图7-22）。

2. 不同功能分区的照明

咖啡馆内的功能分区主要包括桌、椅摆放区

图7-19 照明要与自然光结合

图7-20 咖啡馆光色的选择

图7-19：为了在室内营造出自然光影感，咖啡馆内照明多使用隐光，白天多利用自然光照明，选择一些半透薄纱窗帘，加深空间层次感。

图7-20：咖啡馆内多适合用暖光，可将其与红色、橙色、黄色等色彩相结合，为馆内营造温馨、舒适的氛围，同时这种氛围也能令人放松心情。

图7-21 暖黄色的咖啡馆内墙

图7-22 充分利用自然光

图7-21：暖黄色的内墙面能够为咖啡馆营造温暖的感觉，搭配布艺沙发座和木质方桌，同时配合下照式的球形吊灯，空间冷暖色调结合，层次分明，十分有情调。

图7-22：窗边座位上方设置有下照式的吊灯，吊灯悬挂高度一致，外罩各具特色，白天自然光即可为馆内提供照明，夜晚灯光搭配窗外的夜景，又是另一番风景。

图7-23 桌、椅区域照明

图7-24 服务通道区域照明

图7-23：桌、椅摆放区域是顾客品尝咖啡的区域，照明要营造舒适、浪漫的氛围，可采用一般照明和局部照明相结合的方式来凸显出咖啡的特质和桌、椅等的特色。

图7-24：服务通道区域的照明要依据咖啡馆内的空间结构特点来设计。服务通道区域的灯光主要用于引导顾客进店，需要设置向上或向内伸展的灯光，使顾客可以沿着灯光进入咖啡馆二层。

域，艺术装饰品陈设区域与服务通道区域，这些功能分区要根据区域特色选择合适的照明方式，并注意突出重点（图7-23、图7-24）。

3. 灯具选择

照明设计所呈现的最终视觉效果，仍旧需要照明灯具来实现，因而要为咖啡馆塑造出更具视觉性与创新性的室内环境，照明灯具的选择就必须要慎重，要选择具有实用价值和观赏价值的创意灯具（图7-25至图7-28）。

7.2.2 照明氛围营造

氛围的营造是增强咖啡馆附加值的重要条件之一，咖啡馆多追求浪漫、温馨的气氛。装修精美的咖啡馆不仅具备良好的室内陈设环境，店内的灯光环境也能令人放松心情，缓解工作带来的压力（图7-29、图7-30）。

咖啡馆氛围的营造还可以通过不同照明组合来实现，馆内多采用一般照明与间接照明相结合的

图7-25 台灯和壁灯

图7-26 吊灯

图7-25：台灯和壁灯主要提供气氛照明或一般照明。为了使咖啡馆内气氛不至于太过单调，可在整体照明中增加几盏台灯或壁灯来补充台面照度不足，但要注意处理好眩光，要控制好灯具的照射方向。

图7-26：吊灯造型华美，很容易就成为人们关注的焦点，咖啡馆内中心位置处可设置创意吊灯，这样能提高咖啡馆的品位和档次。

图7-27 筒灯

图7-28 层板灯

图7-27：筒灯造型简单，可以与其他灯具结合，以使咖啡馆获得均匀的照度，还可为墙面装饰画提供很好的补充照明。

图7-28：咖啡店还可安装灯带、层板灯等装饰性较强的灯具，这些灯具安装便捷，可以很好地与馆内环境相融合。

图7-29 闲适的室内氛围

图7-30 浓郁的欧式风情

图7-29：陈设装饰品与灯光相结合可以营造出闲适的气氛，储物架上方放置了书籍和绿植，散而有神，同时搭配自由的轨道射灯，墙面光影斑驳，室内闲适感也更浓郁。

图7-30：玲珑有致的吊灯、台灯、壁灯，装饰性极强，和煦的灯光为馆内带来温馨的感觉，灯具曲折的线条处处彰显着欧式特色，引人流连。

方式，部分区域会采用装饰照明。咖啡馆内的一般照明要考虑店内整体明亮度，要考虑室内装修材料的反射性、吸光性，并根据所得数据进行照明分配（图7-31、图7-32）。

7.2.3 咖啡馆照明案例解析

1. 照明要衬托设计主题

咖啡馆的商品销售品种较单一，因此要表现特色主题，灯具造型选择非常重要，多采用现场制作或定制灯具，如图7-33、图7-34所示。

2. 直接和间接照明运用

直接照明是功能性照明，要照亮成列商品。间接照明是氛围照明，要表现空间设计主题（图7-35）。

图7-31 灯光一般照明

图7-32 灯光与日光相结合

图7-31：咖啡馆内座椅多为木质、藤编或布艺材质，在相同光照条件下，这些材质对光线的反射会有所不同，要选择合适的照射方向，以求营造出更适宜的光环境。

图7-32：一般照明还要注意墙面、地板、顶棚、桌面的照明，相互之间既要有所区别，避免单调，又要有所统一，避免杂乱。

照明器具：筒灯
（12W/5000K）

灯具材质：铝

灯具价格：65元

照明器具：灯箱
（55W/4500K）

灯具材质：金属+亚克力

灯具价格：650元

照明器具：吊灯球泡灯
（30W/3500K）

灯具材质：金属+玻璃

灯具价格：65元

图7-33 门头设计要能吸引行人目光

图7-34 具备特色的灯具会更吸引人

图7-33：明亮且具备特色的门头自然会吸引更多的消费者，咖啡馆选用文字灯箱来表现LOGO，搭配5个筒灯来照亮自行车和蓝色座椅，突出咖啡馆的设计主题，表现出小清新的设计格调。

图7-34：灯具造型以自行车车轮为参照物，表现出了设计主题，自行车车轮造型吊灯采用LED球泡灯，既安全又节能。

照明器具：射灯（13W/4000K）

灯具材质：铝

灯具价格：78元

照明器具：吊灯（21W/3500K）

灯具材质：玻璃

灯具价格：265元

图7-35 收银处的照明要能突出主体

图7-35：咖啡馆的收银处主要突出两点，一是柜台，二是柜台后的陈设展品，这里采用了玻璃吊灯作为柜台处的直接照明，同时选用了轨道射灯、筒灯、层板灯对展品、装饰画、佛像进行重点照明，使得咖啡馆空间层次更丰富，更有情调。

7.3 服装专卖店照明设计

服装专卖店照明设计是为了给消费者提供舒适的购物环境，同时要促进消费。服装专卖店在设计照明时应当结合商店自身的风格特色，运用灯光来增强商店的核心竞争力。

7.3.1 照明凸显主题

1. LOGO与入口照明

服装专卖店LOGO照明要求明亮醒目，能够使人印象深刻，多选用LED软条霓虹灯提供照明，能制造出热闹、欢快、繁华的购物氛围。霓虹灯可采用多种颜色，可设计成各种形状。为了使LOGO更加具有吸引力，霓虹灯颜色一般以单色如较醒目的红、绿、白等色为主。服装专卖店入口处照明除了要凸显主题外，还要利用灯光来有效地延展空间，给人大气、高贵的感觉（图7-36至图7-38）。

2. 橱窗照明

橱窗的主要功能是展示服装品牌的风格，彰显季节服装特色，通过营造服装主题场景来展示重点陈列商品，并搭设具备丰富故事元素的主题来辅助店内陈设，以便能更好地促进消费（图7-39、图7-40）。

橱窗可分为高橱窗与低橱窗。展示高度在3.5m以上的称为高橱窗，3.5m以下的称为低橱窗。要根据橱窗类型选择合适的照明方式（图7-41、图7-42）。

服装专卖店的橱窗照明不仅要注重美观性，同时还需注重功能性，要能展现服装质地，橱窗内的亮度应当比卖场高出2~3倍，但是也不可使用太强的光线，以免产生眩光。此外，橱窗可细分为封闭式橱窗、半封闭式橱窗、开放式橱窗等。封闭式橱窗可进行相对独立的布光，灵活性较强；半封闭式和开放式橱窗照明要考虑与商店内部灯光相呼应（图7-43至图7-45）。

3. 试衣间照明

试衣间的灯光重在营造舒适的视觉环境，能够

图7-36 照明活跃气氛

图7-36：使用霓虹灯作为LOGO照明时，可利用灯光色彩巧妙变化来给予服装店更强的动态感，也能更好地活跃店内气氛，使服装店更富有吸引力。

图7-37 入口处照明要能扩大空间

图7-37：服装专卖店的入口处照明色温应当在4000K以上，要以白光为主，也有部分会选择暖白光，要营造一种明亮、轻松的购物环境，并在视觉上扩大服装店的面积。

图7-38 通过照明吸引消费者

图7-38：人具有一定的趋光性，因此可在服装专卖店门头或商店侧边安装射灯，用来照亮入口，提高商店与外界的照度比，营造亮度相对较高的场景，吸引消费者进店。

图7-39 利用灯光提升档次

图7-40 柔和的橱窗灯光

图7-39：灯具类型不同，照射角度不同，最后所呈现的橱窗空间感也不同，设计橱窗照明要选择合适的照射方向，以便能更好地展现出服装的特质。

图7-40：橱窗照明可选择从上至下照射，既能突出服装，又能带来美观的视觉享受。可利用轨道射灯照明，以便能自由调节灯光。

图7-41 高橱窗

图7-42 低橱窗

图7-41：高橱窗要避免产生昏暗的视觉感，照明注重突出服装的造型和材质。

图7-42：低橱窗可使用不同角度的灯具来营造空间层次感，注意控制好光线的照射方向。

图7-43 封闭式橱窗照明

图7-43：封闭式橱窗是一个独立的空间，自由度比较大，可以根据空间大小来选择合适的照明灯具，一般多采用小型艺术吊灯搭配射灯照明，既能丰富空间层次，又能达到照明的目的。

图7-44 半封闭式橱窗照明

图7-44：半封闭式橱窗与店内陈设同属一个区域，且橱窗内陈设变化较大，为了应对这种变化，多采用可以自由调节照射方向和照射距离的轨道射灯照明。

图7-45 开放式橱窗照明

图7-45：开放式橱窗可以适当增加橱窗的亮度，还可对橱窗中服装的设计细节部位进行重点照明。

让消费者轻松欣赏服装，观察服装搭配效果，因此试衣间的照明要具备良好的显色性，不能店里一个颜色，回家又是另一个颜色，否则很容易造成退货问题（图7-46、图7-47）。

4. 服装展示区照明

服装展示区会展示当季的特色服装，照明可以选择较亮的光线，可选择射灯进行重点照明。设计照明时要注意光线的明暗对比与色彩对比的处理，尽量采用防眩光灯具（图7-48、图7-49）。

5. 陈列区照明

陈列区主要分为衣架陈列区和货架陈列区，一般大衣、裙装等会选择放置在衣架陈列区，而裤子、衬衣、T恤等会放置在货架陈列区（图7-50、图7-51）。

图7-46　镜前照明要给予人舒适感

图7-47　试衣间照明色温要合适

图7-46：试衣间要注重镜前灯光照明，镜前灯光要能提供红润、自然的肤色照明，让人感觉到舒适。

图7-47：试衣间的灯光要具备较好的色彩还原性，能够让消费者观察到服装的真实色彩，同时可以采用色温较低的光源，以此营造出温馨、舒适的试衣环境。

图7-48　服装展示区灯光

图7-49　服装展示区色温

图7-48：服装展示区灯光与周边环境应该有明显的亮度对比，可以突出服装展示区的重要性，亮度较高的光线也更容易凸显出服装特色。

图7-49：服装展示区照明同样需要能促进消费者购买，因而色温为3000～3500K，显色指数Ra要大于80，以便能更清晰地展现出服装的魅力。

图7-50　衣架陈列区照明突出重点

图7-51　货架陈列区侧光照明

图7-50：衣架陈列区的照明要集中在所要展示的服装上，并选择能展现服装自然色调的光源。在衣架陈列区附近还可设置嵌入式或悬挂式灯具，这样能更清晰地展现服装的材质和纹理。衣架陈列区的照度要大于750lx，色温为2800～3000K，显色指数Ra要大于90。

图7-51：为了避免灯光在货架陈列区产生阴影，可以选择方向性不明显的漫射照明，搭配侧光照明，这样能更好突出服装的立体感。货架陈列区的照明除了要体现服装的视觉效果，还需突出服装品牌特色，并促使消费者完成互动消费。

- 补充要点 -

服装专卖店灯光要冷暖结合

　　冷暖结合的灯光能够给人温馨感和柔和感，更能展现服装的设计细节和设计特色，如果采用直接照明，应选择显色指数$Ra=100$、照度在1000lx以上的灯具。

7.3.2　照明设计原则

服装专卖店照明要能吸引消费者关注某一件或某一个区域的服装。通常服装专卖店会结合一般照明、重点照明、装饰照明进行灯光布局，能加强空间的层次感（表7-1）。

1.　照明要符合整体装修风格

服装专卖店的照明要根据空间背景色来决定冷光或暖光的选择，装饰背景色对灯光的明暗对比度也有很大影响，不同背景色所呈现的阴影深浅度会有所不同（图7-52、图7-53）。

表7-1　　　　　　　　　　　　　　　服装专卖店各区域照明类型及要求

照明类型	照明范围	亮度	照明目的	光效要求	设计方法	照射方式
一般照明	全面	中	满足消费者的基本购物需求	均匀、平和	选择嵌入式灯具或吸顶灯，灯具分布均匀	直接照明、间接照明、漫射照明
重点照明	局部	高	突出重点服装，吸引消费者，激发购买欲望	立体感强	采用固定式射灯或轨道射灯照明，亮度是基础照明的3~5倍	直接照明
装饰照明	局部	低	营造氛围，装饰服装专卖店，增强光照效果	柔和、丰富	选用装饰性较强的灯具，且拥有有色光源	漫射照明、间接照明

图7-52　一般照明

图7-53　照明要与风格统一

图7-52：服装专卖店的一般照明要能保证店内总体照度，主要包括店内通道照明、墙面照明。照明要注意亮度控制，通道照明亮度要高一些。

图7-53：服装专卖店内所选择的灯具造型、灯光冷暖度、明暗对比度都应与店内装修风格一致，且色调也应相和谐。例如，以白色为主的店面室内空间，灯光就不易选择偏黄的光色，这样会使服装店显得凌乱，色感显得脏。

2.　照明要具备良好的色彩还原性

人的视觉对色彩具有一定适应性，同一种颜色的服装在不同强度的光线照射下，因服装材质不同，所反射的色光是不同的。要充分考虑服装的材质与灯光亮度之间的关系，既要避免亮度过高而影响眼睛的调节幅度、反应、分辨率等问题，又要保证亮度能展现服装的固有色与材质特色。

眩光一直是照明设计中容易存在的问题，服装专卖店灯具一定要均匀分布，要使空间亮度均匀，明暗对比不过于明显（图7-54、图7-55）。

3.　照明要注重安全性

服装专卖店中各类灯具的电路布局错综复杂，稍不留神就容易引发火灾，一定要确保灯具的用电负荷量在核定区间之内，且灯具分布间距恰当，光源散热良好等（图7-56）。

图7-54　服装照明避免眩光

图7-54：在设计服装专卖店的照明时可以多方位调节，选择适合的照明角度，避免眩光的产生，并选择合适的直射光源位置，如果店内镜子较多，还需考虑镜面反射对照明效果的影响。

图7-55　局部照明

图7-55：使用一般照明可让整个空间保持合适的亮度，为了突出重点服装，可以选择在局部重点照明，但不应选择有色灯光，这样会混淆消费者对服装本色的认知，影响消费者的视觉判断。

图7-56　服装专卖店的安全性照明

图7-56：服装专卖店属于公共空间，且日常人流量较大，店内照明要能保障公众的人身安全，照明设计既要营造一定的艺术美感氛围，也要具备相当高的安全保障措施。

4. 合适的照明方式

店内展示的服装特色不同，所要营造的设计主题不同，最后所需要的照明方式也就不同，因此服装专卖店通常多采用一般照明和重点照明相结合的照明方式，也有小部分区域会使用情境照明和任务照明，这两种照明方式均用于特定的场所，灯光的亮度要求不同，最终呈现的照明效果也会有所不同（图7-57至图7-60）。

7.3.3　服装专卖店照明案例解析

1. 控制好灯具间距

灯具的间距与灯具光照范围直径相当，或比灯具光照范围直径略短，筒灯、射灯的间距多为800~1500mm，而形体较大的吊灯可以根据空间区域来设定间距。在视觉感受上较明确的独立区域内可设计一件吊灯或一组吊灯（图7-61、图7-62）。

图7-57　一般照明

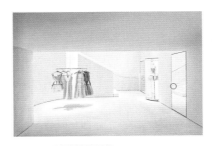

图7-58　重点照明

图7-57：一般照明决定了服装专卖店的视觉基调，店内采用均匀布置且整齐对称的灯具，营造出更简洁、大方的购物环境。

图7-58：重点照明要能让精品服装脱颖而出，注意控制灯具的照射方向。

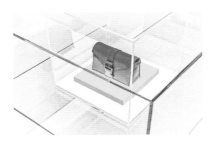

图7-59　特殊照明

图7-60　情境照明

图7-59：特殊照明可通过色彩搭配提高服装店的魅力和感染力，多采用聚光灯、荧光灯等照明设备。

图7-60：情境照明可用于橱窗照明，要控制好区域之间的照度变化对消费者心理的影响等，并要注意能体现个性化。

照明器具：吊灯（35W/5500K）
灯具材质：金属＋玻璃
灯具价格：120元

照明器具：射灯（21W/5500K）
灯具材质：铝
灯具价格：98元

图7-61　重点照明和一般照明相结合

图7-62　借助自然光凸显服装材质

图7-61：服装展示区选择了侧照的轨道射灯，重点突出中心区域的服装，同时又均匀排列球形吊灯作一般照明，使服装展示区层次更分明。

图7-62：自然光能够展现服装材质的真实纹理，这里选用了局部射灯与窗外的自然光相结合，多角度照射能使服装材质的质地与纹理清晰展现在消费者面前。

2.　区分陈列区和展示区

陈列区照明要均衡，区域内保持照度基本一致，展示区要有比较明显的重点照明，突显主要商品特色（图7-63、图7-64）。

照明器具：台灯（25W/3500K）
灯具材质：亚克力
灯具价格：155元/m

照明器具：T5灯管（21W/4000K）
灯具材质：玻璃
灯具价格：65元/m

照明器具：发光顶棚（21W/4000K）
灯具材质：铝
灯具价格：350元/m²

图7-63　LOGO色温要与室内整体色温协调

图7-64　单件展示选择重点照明更能突出服装特色

图7-63：LOGO照明选用了侧面泛光照明，使得LOGO更具有立体感，非常醒目，能吸引消费者的注意。

图7-64：橱窗为了表现婚纱的材质，在吊顶上方制作了发光顶棚，环绕在婚纱周边的镜子形成了错觉，使消费者将关注的重心放到婚纱上，从而勾起消费者的购买欲。

7.4 珠宝专卖店照明设计

珠宝专卖店主要销售金银和玉石，在设计照明时需要根据珠宝类别设置照度和色温，以便能更好地展现出珠宝的魅力。

7.4.1 彰显奢华感

1. 入口照明

珠宝专卖店的入口照明依旧要求醒目，能够吸引路人的注意，灯光能够起到引导作用，促进消费者进店消费，要注意结合门头的造型来设计照明，同时要注意防水和灯具维修更换的问题（图7-65、图7-66）。

2. 橱窗照明

珠宝专卖店的橱窗也可分为三类，即封闭式、半封闭式、开放式。封闭式橱窗为独立整体，可以进行独立的布光，所能选择的灯具品种也较多，自由度较大；半封闭式与开放式橱窗要与店内风格保持一致，因此灯光限制较多。设计珠宝专卖店橱窗的照明一定要根据不同的店面形式，采取不同的灯光配置（图7-67至图7-69）。

3. 洽谈区照明

洽谈区照明必须营造舒适、轻松的沟通氛围，灯光的亮度不可设置太高，以免引起人的不适，可设置带装饰性且能防眩光的照明器具（图7-70、图7-71）。

图7-65 入口处LOGO照明

图7-66 店面整体照明需统一

图7-65：珠宝专卖店的入口使用清晰的LOGO发光字，门头下方还设有内嵌式射灯，下照式灯光会带来安全感并促使消费者入店选购。

图7-66：当整栋大楼都是同一家店面时，建筑外部灯光需选择比较温和的灯光，以此凸显出店面特色。入口台阶处还需设置重点照明，以保证消费者入店的安全性。

图7-67 封闭式橱窗

图7-67：封闭式珠宝橱窗照明应当根据珠宝种类选择合适的色温，在色温为3300～4300K的灯光照射下珠宝能够显示出最佳的效果。

图7-68 半封闭式橱窗

图7-68：半封闭式珠宝橱窗多选择内嵌式射灯或筒灯照明，照度一般控制在2500～3000lx。

图7-69 开放式橱窗

图7-69：开放式珠宝橱窗多选择情境照明和重点照明相结合的方式，灯光要体现珠宝本色与细致工艺。

图7-70 洽谈区灯具

图7-71 洽谈区照明数据

图7-70：洽谈区可以选择造型简单的吊灯，灯具的色温不宜过高，要求照明能清晰照亮人的面部表情即可，为了营业员能更好地向消费者推荐店内产品，光线应该多集中在工作台面上。

图7-71：珠宝专卖店洽谈区的整体空间照度要控制在200～300lx，色温约为4000K，可以设置适量的重点照明，但必须注意重点照明的照度要在600lx之上，空间显色指数Ra也要高于90。

4．展示区照明

展示区照明的主要目的除凸显珠宝特色外，还需能辅助店内一般照明，以便能更好地吸引消费者（图7-72、图7-73）。

5．墙面照明

墙面照明在很大程度上也可以用来提升珠宝专卖店的空间档次，墙面照明的侧重点不同，所呈现的视觉效果也会有所不同（图7-74、图7-75）。

6．柱面照明

柱面照明一般采用直接照明、间接照明、内透三种照明方式，这三种照明方式所照射的面积会有所不同，可依据店内建筑结构来选择（图7-76至图7-78）。

7.4.2　综合统筹设计

对珠宝的了解不能只停留在表面，珠宝本身的特质必须纳入照明设计的考虑范围中来。珠宝专卖店在设计店内照明时，不可只追求高亮度，还需考虑室内照明环境，以及光源的合理配比。区域之间的亮度差过大会使店内阴影重叠，造成不好的视觉效果（图7-79、图7-80）。

图7-72 展示区照明

图7-73 陈列柜照明

图7-72：黄金类照明灯光色温为3000K，彩金类照明灯光色温为3500K，铂金与白银类照明灯光色温为4000K。

图7-73：陈列柜照明多选择组合照明，柜内照度为400～500lx，重点区域照度为800～1000lx。

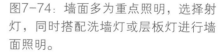

图7-74 墙面照明

图7-75 注意墙面照度

图7-74：墙面多为重点照明，选择射灯，同时搭配洗墙灯或层板灯进行墙面照明。

图7-75：墙面照明的照度要低于柜台照明，以便更好地凸显珠宝。在设计墙面照明时，还需充分考虑墙面材料的反射能力与墙面的色彩和材质。

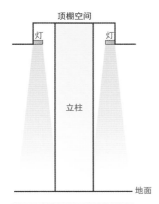

图7-76 柱面直接照明

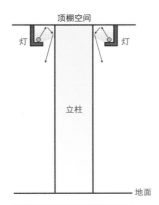

图7-77 柱面间接照明

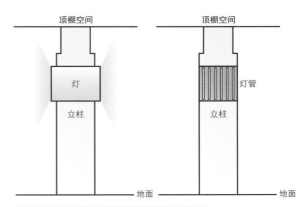

图7-78 使用内透方式进行柱面照明

图7-76：柱面直接照明是将灯安装在与柱面相近的吊顶构造上，光源可以直接产生下照光，从而照亮柱面。

图7-77：柱面间接照明多使用条形灯，将灯镶嵌在吊顶的灯槽中，使光线照射到顶面后反射到立面柱体上，注意柱子贴面材料不同，反射的光线也会有所变化。

图7-78：在柱子上部嵌入灯管，通过灯管均匀发光，从而增大柱面发光面积，提升装饰效果。

图7-79 平衡的亮度比

图7-80 照明要考虑灯光的破坏性

图7-79：珠宝专卖店的照明要注重光源的比例分配，以此来区分销售的主体与非主体，有效地营造空间层次感。

图7-80：发光强度过高的灯具具有较强的电磁辐射，且随着温度的升高，灯具的热辐射强度也会增大，这会破坏珠宝本身色泽。

　　不同色温的灯光会形成不同的空间分区，且灯光色彩对于最终呈现的视觉效果会有很大的影响，店内陈设的艺术品、橱窗的背景板等都会对照明效果产生影响（图7-81、图7-82）。

图7-81 灯光的色彩

图7-82 材质与灯光

图7-81：珠宝专卖店的灯光色彩既要有所变化，同时还要有所统一，灯光色彩要能与陈设品的色彩相对应。

图7-82：不同的色温与照度能够给人带来不同的视觉体验，例如，冷光源给予消费者镇定与个性感；暖光源则给予消费者舒适与柔和感。

7.4.3 珠宝专卖店照明案例解析

1. 不同珠宝适合不同的色温

色温为5200K的灯具适用于白银、铂金，4000K的灯具适用于黄金，4500K的灯具适用于玉器、木器、彩金等。灯具的显色性也很重要，要选择高显色性灯具产品（图7-83至图7-84）。

2. 照明营造大气感

灯具布置要有规则感，吊顶中设计有内凹造型，让灯具与吊顶融合为一个整体（图7-85、图7-86）。

照明器具：T5灯管（21W/4500K）
灯具材质：玻璃
灯具价格：65元/m

照明器具：筒灯（12W/5000K）
灯具材质：铝
灯具价格：65元

照明器具：筒灯（12W/4000K）
灯具材质：铝
灯具价格：65元

图7-83　合适的色温和照度营造氛围

图7-83：照明要营造轻松愉悦的沟通氛围，整体空间照度控制在200~300lx，色温3800K左右。这里选用了L形排列筒灯作为一般照明。

图7-84　柔和的光线更能凸显宝石的色泽

图7-84：珠宝橱窗选用了能凸显宝石特色的LED筒灯，光线比较柔和，光色丰富、热辐射小。

照明器具：联装筒灯（12W/4500K）
灯具材质：铝
灯具价格：65元

照明器具：筒灯（36W/3500K）
灯具材质：玻璃
灯具价格：680元

照明器具：T5灯管（21W/4000K）
灯具材质：玻璃
灯具价格：65元

图7-85　排列整齐的灯具能营造出金碧辉煌的视觉感

图7-85：珠宝专卖店入口处照明要与店内整体照明相协调，要能给人一种很高档的感觉。这里的入口照明和整体照明都选用了筒灯，并配有层板灯，营造出辉煌明亮的气氛，既方便挑选饰品，也能吸引人流。

照明器具：筒灯（3W/3200K）

灯具材质：铝

灯具价格：36元

图7-86：橱窗照明选用了钻石光卤素灯，灯光显色效果好，能很好地展示出珠宝的魅力。

图7-86 小橱窗选对合适的光源也能营造大气感

本章小结

　　照明的灵活性和功能性对商业空间的形象塑造起到很大作用，在本章所介绍的四种商业空间照明设计中，要充分考虑到室内色彩、材质对灯光的影响，明确灯具造型、发光强度、灯具布局对视觉效果的影响。在照明设计过程中，要学会合理运用不同的照明方式。照明设计需要以人为本，安全第一，注重灯光给予消费者的心理感受，营造更适合大众的照明环境。

课后作业

　　1. 咖啡馆适宜的照度是多少？

　　2. 简述服装专卖店各区域照明类型及要求。

　　3. 酒吧照明设计与其他商业空间照明设计的区别有哪些？

　　4. 服装专卖店照明设计中，轨道灯间距多少合适？

　　5. 收集国内外优秀的商业空间照明图片20幅。

　　6. 自主设计面积为500~700m²的商业空间，并进行照明设计。作业数量：1件，以PPT形式进行汇报分享，PPT页数要求在30页左右。建议完成课时：8课时。

思政训练

　　1. 商业空间是时代发展的产物，从侧面反映了国家的发展水平，实地考察本地的商业空间，思考如今商业空间中的照明设计与以前有什么不同？

　　2. 为响应绿色环保号召，请借助网络等工具查找信息并思考如何在商业照明设计中运用绿色照明设计。

第8章
无主灯照明设计

识读难度：★★★★★
重点概念：无主灯、筒灯、射灯、吊顶构造、功率

◀ 章节导读

　　如果空间形式相对统一，有较明确的活动功能分区，在照明设计中对灯具的选用早已形成定式。为了强化空间的使用功能，降低设计、施工成本，采取无主灯设计具有较多优势，无主灯设计成为当今照明设计的流行趋势（图8-1）。

图8-1：去掉传统的吊灯，采用等距分布的筒灯照明，将面积较大的客餐厅空间通体照明。这种照明设计手法借用公共空间的照明布局，能有效避免主灯在面积较大的室内空间中形成局部照明，导致边角空间照度不足的缺陷。

图8-1　客餐厅无主灯照明

8.1　无主灯设计基础

　　单一的住宅功能空间中通常是有一个主灯的，如吸顶灯、吊灯等，这些形体较大的灯具通常安装在空间中央上空，成为空间照明的主体，能照亮整个室内空间。但是这种灯具布置方式往往存在很大缺陷，如光照过于集中、占据室内主要空间高度、灯具昂贵、不便清洁等，这些问题严重干扰住宅空间室内装饰效果（图8-2、图8-3）。

　　现代住宅室内空间面积增加，主灯的照明范围

图8-2 客厅主灯照明

图8-3 卧室主灯照明

图8-2：客厅主灯多为吊灯，在客厅中央向下垂吊安装，灯光集中，为了提升空间的照度，多会在吊顶周边补充筒灯或射灯，弥补客厅周边照度不足。

图8-3 如果卧室主灯为吊灯，会影响床的摆放与使用，多会因为吊灯而改变床的位置。

就显得比较局促了，往往需要在开放式客餐厅中安装2~3个主灯，导致室内空间显得单调而毫无主次关系。于是，很多设计师开始尝试去除主灯，将大型公共空间的灯光设计理念引入到住宅空间中，增强了住宅照明功能与视觉效果（图8-4）。

8.1.1 无主灯概念

无主灯照明主要体现在两方面：

（1）弱化空间中单件灯具的形体与照明功能，由单件灯具扩展为多件灯具，形成多向照明（图8-5）。

（2）对空间中需要照明的部位进行独立照明，形成分散式照明（图8-6）。

无主灯照明=多向照明+分散式照明。

8.1.2 无主灯流行趋势

近几年我国地产行业进入白热化竞争阶段，开始大规模推出精装修住宅，出现了无主灯设计风格，室内空间照明灯具以分散筒灯、射灯为主（图8-7）。

现在我国住宅设计理念开始发生变化，由以往强化风格设计转变到强化功能设计。无主灯设计由单一主灯向多元化灯具方向发展，设计分控开关，营造不同功能使用场景（图8-8）。

图8-4 客餐厅无主灯照明

图8-4：客餐厅的连体空间面积较大，搭配开放式厨房，让空间得到延伸，主灯的设计与安装就完全失去了空间界定。大量采用筒灯，根据不同功能区来布置，让筒灯的光线均匀覆盖全部空间。

图8-5 客餐厅无主灯照明

图8-5：顶面筒灯的形体较小，暗装在吊顶内，在视觉上毫无存在感。餐桌上的吊灯悬挂高度虽然较低，但是形体为框架，整体视觉感受较弱，整体空间照明体现无主灯概念。

图8-6 客厅无主灯照明

图8-6：完全去除顶面灯具，在客厅墙面上设计发光灯具，从侧面照明整个空间。落地灯是主要照明灯具，将灯光进行了视觉分散，仅满足沙发等座席区的采光需求。

（a）开放厨房餐厅

（b）客厅

图8-7　美式现代乡村风格住宅

图8-7（a）：厨房餐厅一体化后，全部采用筒灯照明，厨房筒灯直径规格较大，发光强度高，餐厅筒灯直径规格较小，有一定聚光性，光线能集中照射到就餐台面上，营造就餐氛围。

图8-7（b）：客厅面积较大，筒灯布局看似均分，毫无规律，其实都是按主要停留区进行照明，如对沙发区与走道区进行集中照明。

（a）开放厨房餐厅客厅

（b）卧室

图8-8　现代风格住宅

图8-8（a）：餐桌上安装吊灯，但是对于整个客餐厅区域而言，餐厅吊灯不是主灯，既不位于整体空间中央，光线也不能覆盖整体空间。

图8-8（b）：卧室顶面周边设计筒灯，避免在床头处产生眩光而影响睡眠，床头壁灯能提供补充照明。

8.1.3　无主灯照明优势

无主灯照明具有以下优势：

①个性照明。营造层次丰富的光照效果，满足各种情景照明需要。弱化或删减主灯形象，灯具造型简洁，满足大众审美需求。

②节能省电。光源为高光效的LED灯，保持低压状态运行，节能省电更明显。采用48V以下电压，相对传统220V电压而言安全性更高。

③保护视力。LED灯为颗粒光源，经过分散后能防眩防刺激，保护视力健康。

④自由搭配。磁吸轨道灯具，可以自由搭配、自由增减、自由移动。灯具模块化设计，安装更换便捷（图8-9）。

（a）客厅

（b）主卧室

（c）次卧室

图8-9　无主灯照明住宅设计方案（卞高如）

图8-9（a）：对空间顶面全局吊顶设计，采用双联组筒灯、独立射灯、灯带组合照明。

图8-9（b）：卧室顶面采用低功率灯具，搭配台灯，避开床头，避免产生眩光。

图8-9（c）：除了照明衣柜，还搭配装饰吊灯营造空间艺术氛围。

8.1.4　无主灯照明灯具收集

根据市场灯具商品销售状况，考察并收集不同规格、型号的灯具，作为无主灯设计的媒介基础，统计并分析灯具的多种性能参数，为后期设计奠定基础（图8-10、表8-1）。

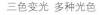

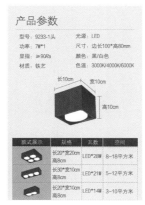

图8-10：电商平台上的灯具品种非常丰富，考察时注意记录灯具产品的功率、外形尺寸等数据。

图8-10　考察灯具产品

8.2　住宅无主灯照明案例解析

以下两套项目案例是具有代表性的住宅户型，这些户型来自全国各地，户型布局设计具有代表性，对其进行无主灯照明设计，列出每套户型的平面布置图、照明布置图、灯具配置表与照明效果图，详细分析每套户型中的照明设计要点。

8.2.1　永定河孔雀大卫城136m²三居室

设计师：刘音

户型档案：这是一套建筑面积约为136m²的三居室户型，含卧室三间、书房一间、卫生间两间，客厅、餐厅、厨房各一间，另外还分离出更衣间一间，朝南、朝北的阳台各一处（图8-11）。

设计分析：这套户型面积较大，但是要求分配出较多的房间，因此每间房面积不大，家具布置比较紧凑，要满足多人居住，设计模块化卫生间，两处卫生间功能配置相同，能相互替换使用。

常用无主灯照明灯具

表8-1

序号	灯具名称	单位	形态规格	价格	品牌	图例	色温	供电要求	使用部位	功能特色
1	嵌入式LED筒灯	件	φ95mm;高33.5mm	20.9	欧普		4000K	220V~12V、4W	暗装于吊顶,适用于过道、玄关等	重点、局部、装饰照明,具有氛围感
2	LED灯带	件	宽16mm;厚7mm	19	欧普		6500K	220V~12V、9W	安装于吊顶、墙面或地面的暗槽中	丰富空间层次感,强调空间轮廓
3	LED智能台灯	件	灯罩φ215mm;长440mm;底座φ220mm	499	欧普		3100~5000K	220V~12V、16W	放置于台面表面,多用于学习、办公空间	光线柔和,起护眼作用
4	吊灯	件	宽1150mm;长100mm;厚25mm	879	Amangiri		3000K/4000K	220V~24V、36W	悬挂于客厅、餐厅的天花板中央,适用于现代风格空间	造型个性,普遍适用
5	明装吸顶式LED射灯	件	φ58mm;长152mm	293	Amangiri		3000K/4000K	220V~24V、36W	吊顶或楼板表面,适用于现代风格室内空间,灯具整体外露	光线集中,起强调灯光的效果,无需吊顶构造即可安装
6	嵌入式LED面板灯	件	宽300mm;长600mm	219	飞利浦		4000K	220V~24V、24W	用于集成吊顶或石膏板,多安装于浴室、厨房等	光线柔和,防水防尘效果性能佳
7	人体感应夜灯	件	宽85mm;长90mm	99	飞利浦		1800K/3000K	220V~12V、0.7W	卧室、过道、楼梯,适用于多种风格室内空间	光线柔和,使用便捷

序号	名称	单位	尺寸	价格	品牌	图片	色温	电压、功率	适用场所	特点
8	LED吸顶灯	件	厚12mm；φ550mm	899	飞利浦		4000K/6500K	220V~24V，36W	多悬挂于客厅、餐厅的天花板中央	光线舒适、安装便利、空间占比小、增加房屋视觉空间
9	嵌入式LED地埋灯	件	φ114mm；高115mm	229	飞利浦		2700K	220V~12V，3W	室外阶灯或停车场灯具，多用于室外空间	光线柔和，占用空间小，防水防漏电
10	LED仿钨丝灯泡	件	长104mm；φ60mm	29.9	飞利浦		3000K	220V~24V，4/6W	餐厅、咖啡馆、画廊等商业场所，适用于复古设计室内空间	光线温暖、烘托氛围、无需吊顶构造即可安装
11	U型节能灯	件	φ27mm；长143mm	27.9	飞利浦		2700K	220V~24V，18W	餐厅、卧室等场所，适用于极简风格室内空间	光线温暖、烘托氛围、无需吊顶构造即可安装
12	LED桌灯	件	长257mm；宽160mm；高505mm	669	飞利浦		4000K	220V~24V，12W	随意放置于台面，烘托室内空间氛围，增加灯光层次	磨砂玻璃灯罩，光感细腻，外形美观，安装便捷
13	UVC杀菌灯	件	φ185mm；高528mm	899	飞利浦		—	220V~36V，37.5W	厨房、卫生间、卧室等小型室内空间	紫外线为不可见光，起消杀作用

续表

序号	灯具名称	单位	形态规格	价格	品牌	图例	色温	供电要求	使用部位	功能特色
14	LED镜前灯	件	φ27mm;长550mm	189	飞利浦		6500K	220V~24V,11.5W	浴室、化妆镜、梳妆台,适用于现代简约设计室内空间	大气、简约的线条设计,安装便利,防水绝缘
15	拾音氛围灯	件	长252mm;宽36mm;高44mm	549	飞利浦		2000~6500K	220V~24V,6.6W	与电子设备连接,可安装于客厅、电竞房	任意摆放,灯光与影音同步
16	嵌入式LED明装灯带	件	开槽尺寸14mm;长1000mm;宽52mm	169	雷士		4000K	220V~24V,10W/m	吧台、过道、展厅等多种场所,适用于现代设计室内空间	质感光影,创意拼接,无可视频闪,$Ra>90$,显色还原度高
17	导轨射灯	件	φ60.5mm;长110mm	115	雷士		4000K	220V~24V,15W	商用、展厅、柜台、家用等多种场合室内空间	节能光、高显色、灵活,可调节角度,全方位布光
18	LED格栅明装射灯	件	长203mm;宽106mm;高100mm	462	雷士		4000K	220V~36V,35W	商用、展厅、柜台、家用等多种场合室内空间	有光束感,打造空间层次感,起到拉高层高的视觉效果
19	LED硅胶灯带	件	长8mm;宽8mm	185	雷士		4000K	220V~24V,10W/m	居家、办公、酒店、商场等多种场合室内空间	高透光率,防水阻燃,适配广泛
20	LED吸顶风扇吊灯	件	φ410mm;高410mm	699	雷士		3000K/6000K	220V~36V,36W	家用,适合功能型客厅	均衡夏、冬季室温,多用于氛围照明,满足不同需求

注:此表由苏可心收集整理。

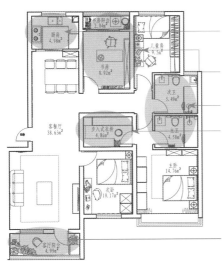

厨房呈U形布局，在紧凑的空间中放置更多收纳橱柜。

儿童房将书桌、床、衣柜紧密排列，中央保留较宽的活动空间。

两处卫生间布置相同，功能一致，降低后期装修成本。

将步入式衣柜穿插在户型中央，形成一处紧凑的储藏间。

阳台配置丰富的绿化植物，设定一处具有超强生态感的独处空间。

图8-11　平面布置图

照明布置如图8-12所示，灯具配置见表8-2，照明效果如图8-13所示。

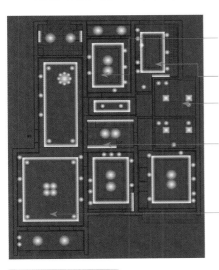

书房中灯光设计充裕，筒灯居中，射灯满足书柜、墙面局部照明。

儿童房不设主灯与中央筒灯，避免眩光对儿童视力造成影响。

卫生间根据使用区域搭配筒灯，补充顶灯的照明氛围。

更衣间内无窗，在储藏柜中布置灯带，方便取放衣物。

客厅中央4件筒灯组合形成集中照明，周边补充4件筒灯与灯带，形成通透的全局照明。

图8-12　照明布置图

表8-2　　　　　　　　　　　　　　　　　　灯具配置表

空间	灯具	图例	数量	规格型号	色温	开关控制
餐厅	防眩筒灯		8个	10W，ϕ93mm，开孔ϕ85mm	4000K	墙面2开
	暗藏灯带		15m	8W/m，120珠	3000K	墙面1开
	吊灯		1件	60W，ϕ780mm	4000K	墙面1开

续表

空间	灯具	图例	数量	规格型号	色温	开关控制
走道	防眩筒灯		3个	10W，ϕ93mm，开孔ϕ85mm	4000K	墙面1开
	暗藏灯带		6m	8W/m，120珠	3000K	
客厅	防眩筒灯		8个	10W，ϕ93mm，开孔ϕ85mm	4000K	墙面1开
	防眩筒灯		6个	6W，ϕ79mm，开孔ϕ65mm	4000K	墙面1开
	暗藏灯带		15m	8W/m，120珠	3000K	墙面1开
客厅阳台	防眩筒灯		2个	10W，ϕ93mm，开孔ϕ85mm	4000K	墙面1开
	防眩筒灯		2个	6W，ϕ79mm，开孔ϕ65mm	4000K	
书房	防眩筒灯		2个	10W，ϕ93mm，开孔ϕ85mm	4000K	墙面1开
	防眩筒灯		6个	6W，ϕ79mm，开孔ϕ65mm	4000K	墙面1开
	暗藏灯带		10m	8W/m，120珠	3000K	墙面1开
书房阳台	防眩筒灯		2个	10W，ϕ93mm，开孔ϕ85mm	4000K	墙面1开
厨房	防眩筒灯		2个	12W，ϕ93mm，开孔ϕ85mm	4000K	墙面1开
	柜下灯带		2m	8W/m，120珠	3000K	墙面1开
更衣间	防眩筒灯		2个	10W，ϕ93mm，开孔ϕ85mm	4000K	墙面1开
	柜内灯带		5m	6W/m，60珠	3000K	墙面1开

续表

空间	灯具	图例	数量	规格型号	色温	开关控制
次卫	扣板顶灯		2件	32W，300mm×300mm	3500K	墙面1开
	防眩筒灯		3个	6W，ϕ79mm，开孔ϕ65mm	4000K	墙面1开
主卫	扣板顶灯		2件	32W，300mm×300mm	3500K	墙面1开
	防眩筒灯		4个	6W，ϕ79mm，开孔ϕ65mm	4000K	墙面1开
儿童房	防眩筒灯		8个	6W，ϕ79mm，开孔ϕ65mm	4000K	墙面2开
	台灯		1个	12W，E27	3500K	灯具2开
	暗藏灯带		8m	8W/m，120珠	3000K	墙面1开
次卧	防眩筒灯		6个	6W，ϕ79mm，开孔ϕ65mm	4000K	墙面1开
	吊灯		1个	12W，E27	3500K	墙面1开
	防眩筒灯		2个	10W，ϕ93mm，开孔ϕ85mm	4000K	墙面1开
	暗藏灯带		10m	8W/m，120珠	3000K	墙面1开
	床头台灯		2个	12W，E27	3500K	灯具2开
	柜内灯带		1m	6W/m，60珠	3000K	墙面1开
主卧	防眩筒灯		2个	10W，ϕ93mm，开孔ϕ85mm	4000K	墙面1开

续表

空间	灯具	图例	数量	规格型号	色温	开关控制
主卧	防眩筒灯		8个	6W，ϕ79mm，开孔ϕ65mm	4000K	墙面2开
	暗藏灯带		11m	8W/m，120珠	3000K	墙面1开
	床头台灯		2个	12W，E27	3500K	灯具2开

（a）客厅

（b）餐厅

（c）客厅阳台

（d）书房

（e）次卧

（f）儿童房

（g）主卧

（h）更衣室

图8-13　照明效果图

图8-13（a）：多种灯光组合方式满足室内活动需求，利用射灯进行局部照明，为客厅营造出更具魅力的光影层次。

图8-13（b）：主要活动是以用餐为主，因此照明更多是给食物提供视觉效果。

图8-13（c）：阳台使用一般照明，满足日常所需。

图8-13（d）：除了照明书柜，还搭配装饰吊灯衬托空间艺术氛围。

图8-13（e）：次卧采用一般照明和重点照明，在书桌、装饰画区域进行重点照明，烘托艺术氛围。

图8-13（f）：儿童房考虑儿童用电的安全性，避免儿童直接触碰到灯具，发生触电。

图8-13（g）：卧室顶面采用低功率灯具，搭配床边台灯，回避床头，避免产生眩光。

图8-13（h）：主要针对衣柜和镜前进行照明，方便拿取衣物。

8.2.2 武汉市碧桂园生态城110m²三居室

设计师：王晓艳

户型档案：这是一套建筑面积约为110m²的三居室户型，含卧室两间、卫生间两间，客厅、餐厅、厨房各一间，朝南、朝北的阳台各一处

（图8-14）。

设计分析：这套户型南北通透，这得每个区域的通风、采光都非常不错，尤其是朝南的大阳台，满足一大家人的衣物晾晒之需。为了进一步扩大室内空间的视觉感，将厨房、餐厅、服务阳台进行一体化设计，形成开敞的客餐厅，满足孩子在家里奔跑活动的需要（图8-15、图8-16、表8-3）。

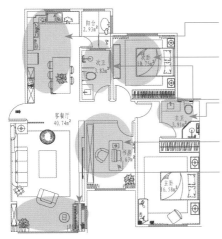

将厨房与餐厅打通，更好运用户外采光，减少白天对灯光的依赖。

老人与孩子居住于次卧，孩子长大后是属于自己的独立空间，固定家具预先设计完善。

两处卫生间形态不同，但是功能相同，设备配置齐全。

书房是现代都市生活不可缺少的功能区，家具摆放灵活。

阳台放置钢琴，充分运用采光，填充休闲时光。

图8-14 平面布置图

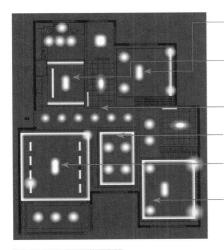

次卧考虑儿童的眼睛未发育成熟，以间接照明为主，光照强度较低。

餐厅、厨房灯光尽量分散布置，但是灯光集中投射到餐桌或橱柜上。

走道灯具排列整齐，间距分散统一。

书房灯光充足，对称布局。

客厅灯光强烈且集中，环绕吊顶内侧安装灯带。

主卧室环绕吊顶内侧安装灯带，形成优雅的氛围光效。

图8-15 照明布置图

表8-3 灯具配置表

空间	灯具	图例	数量	规格型号	色温	开关控制
走道	防眩筒灯		6个	10W，ϕ93mm，开孔85mm	4000K	墙面交替2开
客厅	防眩筒灯		4个	6W，ϕ79mm，开孔65mm	4000K	墙面1开
	磁吸轨道灯		4个×2组	10W，300mm×22mm×25mm	3000K	墙面2开
	暗藏灯带		22m	8W/m，120珠	3000K	墙面1开
	落地灯		1个	19W，E27，高1800mm	3500K	灯具开关
生活阳台	防眩筒灯		3个	10W，ϕ93mm，开孔ϕ85mm	4000K	墙面1开
餐厅	防眩筒灯		3个	6W，ϕ79mm，开孔ϕ65mm	4000K	墙面1开
	线型槽灯		2m	20W，52mm×13mm	4000K	墙面1开
	暗藏灯带		6m	8W/m，120珠	3000K	墙面1开
厨房	防眩筒灯		1个	12W，ϕ93mm，开孔ϕ85mm	4000K	墙面1开
	防眩筒灯		3个	6W，ϕ79mm，开孔ϕ65mm	4000K	
服务阳台	方盒明装筒灯		1个	7W×4，200mm×20mm×80mm	4000K	墙面1开
次卫	浴霸灯		1个	照明11W，换气30W，取暖2100W，600mm×300mm	4000K	遥控开关
	镜前灯		1个	11.5W，550mm×27mm	6500K	墙面1开
主卫	浴霸灯		1个	照明11W，换气30W，取暖2100W，600mm×300mm	4000K	遥控开关
	镜前灯		1个	11.5W，550mm×27mm	6500K	墙面1开

续表

空间	灯具	图例	数量	规格型号	色温	开关控制
书房	防眩筒灯		4个	10W，ϕ79mm，开孔ϕ65mm	4000K	墙面交替2开
	暗藏灯带		12m	8W/m，120珠	3000K	墙面1开
次卧	防眩筒灯		3个	6W，ϕ79mm，开孔ϕ65mm	4000K	墙面1开
	防眩筒灯		2个	10W，ϕ93mm，开孔ϕ85mm	4000K	墙面1开
	暗藏灯带		3m	8W/m，120珠	3000K	墙面1开
	床头吊灯		2个	12W，E27	3500K	墙面1开
主卧	防眩筒灯		3个	10W，ϕ79mm，开孔ϕ65mm	4000K	墙面1开
	防眩筒灯		4个	10W，ϕ93mm，开孔ϕ85mm	4000K	墙面1开
	暗藏灯带		16m	8W/m，120珠	3000K	墙面1开
	床头吊灯		2个	12W，E27	3500K	墙面2开

（a）客厅

（b）餐厅厨房

图8-16　照明效果图

图8-16（a）：客厅照明设计采用双联组筒灯、落地灯、灯带组合照明。

图8-16（b）：厨房、餐厅进行分区照明，满足各区域需求。

（c）书房　　　　　　　　　（d）次卧　　　　　　　　　（e）主卧

图8-16　照明效果图（续）

图8-16（c）：书房灯光对称布局，光线充足。

图8-16（d）：次卧在床的两边设有吊灯，吊顶处的灯带为卧室提供了一般照明。

图8-16（e）：主卧在床两侧设有壁灯，光线从灯罩的缝隙中投射出来，比较柔和。

本章小结

　　无主灯设计是现代住宅照明设计趋势，将烦琐的装饰照明转变为功能照明，专用于需要的照明部位，是强化室内功能空间的重要设计方式。对筒灯、射灯的选用更注重质量与功能，要求灯具产品具有过硬的质量，同时合理选用台灯、壁灯、落地灯对空间局部进行补充照明，搭配灯带、层板灯等营造氛围照明。

课后作业

1. 简述无主灯照明设计概念。

2. 简述无主灯照明的优势。

3. 查阅无主灯照明灯具的种类和特点，并进行总结。

4. 思考无主灯设计与其他照明方式的区别。

5. 收集无主灯照明相关案例5个。

6. 自主设计90～120m² 的住宅，进行无主灯照明设计，并绘制平面图、灯光布置图和效果图。作业数量：1件，以PPT形式进行展示汇报。建议完成课时：9课时。

思政训练

　　1. 住宅空间的发展体现了人民生活水平的提高，从侧面反映了国家经济水平的提高，借助网络等工具查阅近5年我国住宅照明设计的发展变化。

　　2. 无主灯设计的流行反映我国人民正在由物质需求转换为精神需求的过程中，请观察在我们生活中有没有运用无主灯照明设计，并进行拍照记录。

参考文献
REFERENCES

［1］ 远藤和广. 图解照明设计［M］. 高桥翔，译. 南京：江苏科学技术出版社，2018.

［2］ 靓丽社. 庭院灯光造景设计［M］. 侯咏馨，译. 福州：福建科学技术出版社，2013v

［3］ LED 照明推进协会. LED 照明设计与应用［M］. 李农，杨燕，译. 北京：科学出版社，2009.

［4］ X-Knowledge 出版社. 照明设计解剖书［M］. 马卫星，译. 武汉：华中科技大学出版社，2018.

［5］ Peter Tregenza，Peter Tregenza. 建筑采光和照明设计［M］. 胡素芳，译. 北京：电子工业出版社，2004.

［6］ 漂亮家居编辑部. 照明设计终极圣经［M］. 南京：江苏科学技术出版社，2015.

［7］ 北京照明学会照明设计专业委员会. 照明设计手册［M］. 北京：中国电力出版社，2017.

［8］ 东贩编辑部. 照明设计全书［M］. 南京：江苏凤凰科学技术出版社，2021.

［9］ 郭明卓. 照明法则［M］. 南京：江苏凤凰科学技术出版社，2019.

［10］ 姜兆宁，刘达平. 照明设计与应用［M］. 南京：江苏凤凰科学技术出版社，2020.

［11］塞奇·罗塞尔. 建筑照明设计［M］. 宋佳音，等，译. 天津：天津大学出版社，2017.

［12］曹孟州. 室内配线与照明工程［M］. 北京：中国电力出版社，2014.

［13］方光辉，薛国祥. 实用建筑照明设计手册［M］. 长沙：湖南科学技术出版社，2015.

［14］李婵. 室内灯光设计［M］. 沈阳：辽宁科学技术出版社，2011.

［15］刘祖明. LED 照明设计与应用［M］. 3 版. 北京：电子工业出版社，2017.

［16］王宇钢，周新阳. 舞台灯光设计［M］. 北京：文化艺术出版社，2012.

［17］杨清德，等. LED 照明设计及工程应用实例［M］. 北京：化学工业出版社，2013.

［18］许东亮. 光的解读［M］. 南京：江苏科学技术出版社. 2016.

［19］庞蕴繁. 视觉与照明［M］. 2版. 北京：中国铁道出版社，2016.

［20］标准编制组. 建筑照明设计标准实施指南［M］. 北京：中国建筑工业出版社，2014.